U0159215

高黏改性沥青的黏弹特性及化学组成研究

颜川奇 艾长发◎著

西南交通大学出版社

·成都·

内容提要

本书主要从高分子物理和黏弹性力学的角度出发，对高黏沥青中超高 SBS 掺量（＞7%）带来的改性效果进行表征与评价，为相关研究提供高分子材料视角的参考。全书共 6 章，包含绪论、SBS 改性对沥青性能的影响研究、高黏沥青黏弹特性研究、高黏沥青的弹性研究、高黏沥青化学组成研究、高黏沥青的老化行为研究等内容。

本书可供公路、沥青材料等相关行业的从业人员使用，也可作为高等院校相关专业高年级本科生及研究生的教材。

图书在版编目（ＣＩＰ）数据

高黏改性沥青的黏弹特性及化学组成研究 / 颜川奇，艾长发著.--成都 ：西南交通大学出版社，2023.8
ISBN 978-7-5643-9467-7

Ⅰ. ①高… Ⅱ. ①颜… ②艾… Ⅲ. ①改性沥青 – 粘弹性介质力学 – 研究 Ⅳ. ①TE626.8

中国国家版本馆 CIP 数据核字（2023）第 161647 号

Gaonian Gaixing Liqing de Niantan Texing ji Huaxue Zucheng Yanjiu
高黏改性沥青的黏弹特性及化学组成研究

颜川奇　艾长发 / 著

责任编辑 / 张　波
助理编辑 / 陈发明
封面设计 / GT 工作室

西南交通大学出版社出版发行

（ 四川省成都市金牛区二环路北一段 111 号西南交通大学创新大厦 21 楼　610031 ）
营销部电话：028-87600564　028-87600533
网址：http://www.xnjdcbs.com
印刷：成都勤德印务有限公司

成品尺寸　170 mm×230 mm
印张　15.25　字数　219 千
版次　2023 年 8 月第 1 版　　印次　2023 年 8 月第 1 次

书号　ISBN 978-7-5643-9467-7
定价　98.00 元

前言

　　SBS 是我国最常见的道路沥青聚合物改性剂。SBS 可以有效地提升沥青的各方面力学性能，且 SBS 掺量越高，改性效果越明显。普通改性沥青中的 SBS 掺量较低（＜4.5%），改性后理化性质虽然发生了变化，但仍与常规石油沥青相似。当沥青中 SBS 掺量达到 7% 时，SBS 相逐渐由海岛相变为分散相，分散相开始连成网络占据主导地位，使得改性沥青的各方面性能得到明显提升。此时改性沥青的 60 ℃ 动力黏度可以超过 2×10^5 Pa·s，这种沥青称为高黏沥青。近年来，随着特重交通路面、超薄罩面养护工程、大孔隙排水路面等应用场景的增多，高黏沥青的使用也逐渐广泛。

　　高掺量的 SBS 改性剂会主导沥青的部分理化特性，使得高黏沥青的行为逐渐远离普通石油沥青而偏向高分子弹性体，高黏沥青展现出高分子的独有特征，如黏弹固体行为、高弹性和易老化降解等。这使得部分传统的石油沥青研究方法与评价经验逐渐失效。这种情况下，引入一些高分子领域的思路与方法能够帮助研究人员更好地研究高黏沥青的改性机理与力学性能。基于此，本书总结了现有国内外文献及笔者近年来的研究成果，对高黏沥青的黏弹特性及化学组成进行了阐述。

　　本书包含 6 章，第 1 章对 SBS 改性沥青和高黏沥青的基本特点和应用场景进行了介绍；第 2 章从高分子物理的角度入手，研究 SBS 改性剂对不同温度下沥青模量的影响规律，从而更好地揭示 SBS 对沥青的多重改性效果；第 3 章以黏弹性力学分析中常用的主曲线技巧对 SBS 改性沥青与高黏沥青的黏弹特性进行研究；第 4 章采用多种弹性测试方法，对 SBS 改性沥青特有的高弹性进行研究；第 5 章以衰减全反射红外光谱为主要手段，讨论高黏沥青的化学组成及特征官能团，同时汇总了道路行业中一些典型的沥青及改性剂的红外光谱图；第 6 章针对 SBS 改性剂易氧化降解的特点，对高黏沥青的老化行为和评价方法进行了讨论。

　　本书希望从以下几个方面为相关研究者提供新的参考：（1）沥青和SBS都是典型的聚合物，本书会经常引用高分子物理的思路与方法对高黏沥青的行为进行讨论；（2）由于分子量更大，SBS的温度敏感性明显弱于沥青，本书会经常在较宽的温度域内讨论温度的影响，从而更好地区分沥青与SBS的行为；（3）SBS具有高弹性而沥青没有，本书会重点讨论SBS在高黏沥青中引起的高弹性以及其对性能的影响；（4）基质沥青偏向黏弹液体而SBS偏向黏弹固体，本书会多次强调这种区别；（5）衰减全反射红外光谱是目前常用的沥青化学分析手段，本书将采用这种方法对沥青、SBS、高黏沥青的红外官能团进行系统的介绍；（6）作为一种高分子材料，SBS容易老化降解，同时明显改变沥青的老化行为，本书将对沥青、纯SBS改性剂和高黏沥青的老化行为分别进行讨论。

　　本书的出版获得了国家重点研发计划项目（2022YFB2602603，2021YFF0502100）、国家自然科学基金（52008353）、四川省青年科技创新研究团队项目（2021JDTD0023，2022JDTD0015），成都市技术创新研发项目（2021-YF05-01175-SN）、全国博管办香江学者计划（XJ2022040）的大力支持，在此深表感谢！

　　希望本书能为广大道路工程专业师生以及沥青路面材料方向研究人员提供参考。由于作者水平有限，书中的疏漏和错误之处在所难免，敬请读者批评指正。

著　者

2023 年 3 月

第 1 章　绪论

1.1　主要内容 ……………………………………………… 001

1.2　需要说明的问题 ……………………………………… 011

第 2 章　SBS 改性对沥青性能的影响研究

2.1　SBS 与沥青的共混机理 …………………………… 013

2.2　SBS 对不同温度下沥青模量的影响 …………………027

2.3　SBS 对沥青路用性能的影响 ………………………… 032

第 3 章　高黏沥青黏弹特性研究

3.1　沥青黏弹性概述 ……………………………………… 043

3.2　主曲线的构造 ………………………………………… 048

3.3　典型的主曲线数学模型 ……………………………… 054

3.4　主曲线的应用 ………………………………………… 075

3.5　主曲线与温度扫描的对比思考 ……………………… 084

第 4 章　高黏沥青的弹性研究

4.1　沥青的弹性概述 ……………………………………… 088

4.2　不同弹性指标的关系 ………………………………… 097

4.3　弹性与沥青高温性能和疲劳性能的相关性 ………… 107

4.4　改性沥青弹性恢复率随温度的变化规律 …………… 113

第 5 章　高黏沥青化学组成研究

    5.1　红外光谱的基本介绍 ………………………………… 133

    5.2　衰减全反射法与透射法 ……………………………… 137

    5.3　红外光谱半定量分析方法 …………………………… 144

    5.4　沥青与 SBS 中的主要官能团汇总 ………………… 153

    5.5　典型沥青及改性剂的红外光谱图汇总 …………… 163

第 6 章　高黏沥青的老化行为研究

    6.1　沥青老化的室内模拟方式 …………………………… 183

    6.2　高黏沥青的老化机理概述 …………………………… 188

    6.3　老化对改性沥青的影响规律 ………………………… 208

    6.4　沥青相与 SBS 相的主导性与分离研究 …………… 209

参考文献 ……………………………………………………… 224

绪 论

石油沥青是原油蒸馏后的残渣,资源丰富,价格低廉。采用石油沥青修筑的路面具有平整度高、噪声小、不扬尘等优点,是我国高等级铺面工程的首选结构。但由于沥青分子量较小且分布较宽,沥青力学性能表现出极强的温度敏感性,低温下硬脆,高温下软黏,弹性和耐老化性能也较差。道路交通量的增长对沥青的性能提出了更高要求。在沥青中掺加各种性能优良、价格适中的改性剂,是改善沥青性能的重要手段。

所谓改性沥青,按照我国《公路沥青路面施工技术规范》(JTG F40—2004)的定义,是指"掺加橡胶、树脂、高分子聚合物、天然沥青、磨细的橡胶粉或其他材料等外掺剂(改性剂),使沥青或沥青混合料的性能得以改善而制成的沥青结合料"。改性剂是指"在沥青或沥青混合料中加入的天然的或人工合成的有机或无机材料,可熔融、分散在沥青中,改善或提高沥青路面性能的材料"。

一般把 60 °C 动力黏度超过 2×10^5 Pa·s 的改性沥青称为高黏沥青。高黏沥青一般应用在特重交通路面、超薄罩面养护工程、大孔隙排水路面等对沥青胶结料性能有非常高要求的极端工况。随着我国海绵城市和生态文明城市建设的不断推进,大孔隙排水路面的应用愈发广泛,因此近年来高黏沥青的应用也日渐增多。大孔隙排水路面最早起源于欧洲,美国则根据其级配特点称之为开级配沥青磨耗层(Open-Graded Asphalt Friction Course,OGFC)。15% ~ 25% 的大孔隙不仅可以快速排除路表积水,还可以吸声降噪,同时提高路面抗滑性能,保障行车安全。但较大的空隙使得石料之间的接触面减小，更容易造成剥落松散病害，对沥青胶结料的黏结裹覆性能提出了更高的要求。因此铺筑排水路面时必须采用黏度大、高温性能好的高黏沥青。

采用橡胶、聚乙烯、SBS 等多种改性剂都可以明显提高沥青的黏度，每种改性剂都存在或多或少的弊端。硫化橡胶粒子与沥青相容性差，容易出现存储稳定性问题；聚乙烯是典型的结晶型高分子，在低温下会从沥青中结晶析出，导致低温开裂。目前，只有高 SBS 掺量的高黏沥青展示出较好的综合效果。著名的日本 TPS 改性剂的有效成分也是高掺量的 SBS 改性剂，只是其对 SBS 的分子量和充油率进行调整，取得了与沥青更好的相容性。

SBS 是我国乃至世界范围内应用最多的沥青改性剂。它是典型的高分子聚合物，由丁二烯和苯乙烯为单体采用阴离子聚合而成，包括聚丁二烯链和聚苯乙烯链。其中聚苯乙烯链聚集在一起形成物理交联点，而聚丁二烯链则形成高弹的分子主链。SBS 分子链以不同的形式连接在一起，可以形成星型和线型 2 种结构，线型结构的 SBS 如图 1-1 所示。SBS 的外观如图 1-2 所示，常见的工业生产的 SBS 是白色蓬松多孔的颗粒或粉末，方便运输与加工。高温下 SBS 颗粒可以熔融，低温下又固化，具有很强的可塑性。

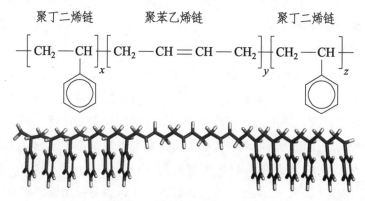

图 1-1　线型 SBS 结构示意

（a）SBS 包装袋　　　　（b）SBS 改性剂颗粒

（c）熔融后再凝结的 SBS 样条

图 1-2　SBS 改性剂的外观

在以往研究中，SBS 被赋予了很多标签，这些标签的含义如表 1-1 所示。

表 1-1　SBS 的常见标签及含义

标签	英文	含义
高分子聚合物	High polymer	针对分子量的描述：指由许多相同的、简单的结构单元通过共价键重复连接而成的高分子量化合物，道路改性用 SBS 的分子量通常在 10 万～30 万
嵌段共聚物	Block copolymer	针对分子结构的描述：指 2 种或 2 种以上性质不同的聚合物链连在一起制备而成的一种特殊聚合物，对 SBS 而言，2 种嵌段分别是聚丁二烯和聚苯乙烯
弹性体（橡胶）	Elastomer（Rubber）	针对力学特性的描述：指具有非常大的可逆形变的高弹性高分子材料（注意具有弹性的材料并不一定是弹性体，弹性体强调模量小，在小应力下也能发生大变形并完全恢复，这与引起高弹性的熵变本质有关，后文将展开叙述）
热塑性	Thermoplasticity	针对加工特性的描述：普通橡胶通过硫化工艺制备，在高温下不熔融，不利于加工；SBS 常温下表现出普通硫化橡胶的高弹性，高温下又可以熔融加工，即热塑性。因此 SBS 也被称为热塑性弹性体（TPE）、热塑性橡胶（TPR）或"第三代橡胶"

除用于沥青改性外，SBS 在日常生活中也很常见，它的一大用途是制作运动鞋的弹性鞋底。2015 年之前，制鞋业一直是我国最大的 SBS 消费市场。2008 年前，50% 以上的 SBS 都应用于制鞋。近年来，伴随着我国制鞋工业不断向东南亚地区转移以及新型弹性体材料在鞋材领域的应用，SBS 在鞋材领域的应用逐年减少，沥青改性逐渐成长为了 SBS 最大的下游消费领域。这一方面是因为我国道路建设发展迅速，为改性沥青的生产应用提供了庞大的市场；另一方面，SBS 总产量过剩，单价连年下跌，刺激了其在沥青改性领域的应用。2019 年，沥青改性所消耗的 SBS 约占其总生产量的 37.2%，并表现出持续增长的态势。

SBS 可以全方位地提升沥青的各种路用性能，添加 4% ~ 4.5% 的 SBS 即可使沥青高低温性能明显提高，达到 PG 76-22 沥青的性能标准。当 SBS 掺量提升到 7% 时，60 ℃ 动力黏度即可超过 2×10^5 Pa·s，制得高黏沥青。SBS 掺量较低的普通改性沥青的物理、力学性质虽然都发生了变化，但其基本性质仍与常规石油沥青相似，仍然可以采用常规性能指标来进行评价。但高黏沥青中高掺量的 SBS 相开始对特定的性能和指标展示出主导性，使得高黏沥青的行为逐渐远离普通石油沥青而偏向于高分子弹性体，展现出高分子弹性体的特性（如黏弹固体、高弹性、易老化降解等），如图 1-3 所示。这使得部分传统的石油沥青研究方法与评价经验逐渐失效。这种情况下，引入一些高分子领域的思路与方法能够更好地理解高黏沥青的改性机理与力学性能。

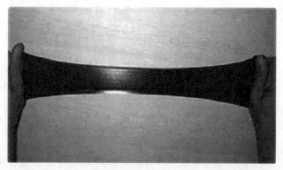

图 1-3　高黏沥青展示出的特有韧性与高弹性

1.1 主要内容

1.1.1 SBS 对沥青性能的影响

道路沥青材料具有极强的温度敏感性，却又在温度剧烈变化的大气环境当中服役，导致其模量随温度发生剧烈的变化。而模量是材料的重要力学属性，沥青的大部分路用性能都与其模量息息相关。SBS 改性剂的加入更使得改性沥青的模量-温度关系发生巨大变化。低温下，SBS 可以降低沥青模量，减少开裂；高温下，SBS 可以提高沥青模量，减少车辙；在整个温度域内，SBS 对沥青展示出多重改性效果。为了对沥青在不同温度下的模量（黏度）提出要求，研究人员设立了一系列的检测手段（25 ℃ 针入度、60 ℃ 动力黏度、软化点等），但这些方法角度单一，只能对应较窄的温度范围，难以全面直观地展示沥青模量的变化规律。针对以上情况，本书第 2 章从高分子物理的角度出发，对纯 SBS 改性剂与 SBS 改性沥青的模量-温度曲线（热机械曲线）和力学状态（玻璃态、高弹态、黏流态）进行讨论，研究 SBS 改性剂对不同温度下沥青模量的影响规律，从而更好地揭示 SBS 对沥青的多重改性效果。

另外，要研究和使用 SBS 改性沥青，首先要制得稳定的 SBS 改性沥青。但 SBS 改性沥青并不是均一稳定的材料，容易在高温存储、运输过程中发生离析。从热力学的角度来讲，SBS 改性剂与基质沥青的理化性质（分子量、极性等）差异过大，是两种热力学不相容的材料。借助高速剪切等手段可以将 SBS 与沥青强行混合在一起，但 SBS-沥青这个不相容体系仍会在长期存储过程中发生相分离与离析。为了研究基质沥青与 SBS 的相容性，最大程度避免离析现象，研究人员提出了多种相容性评价方法，如热力学分析法、玻璃化转变法、红外光谱法、黏度法等。其中热力学分析法具有扎实的理论基础，在聚合物领域也有广泛的应用，本书第 2 章将对基于热力学分析的相容性判别方法进行介绍。

1.1.2　高黏沥青的黏弹特性

黏弹性力学是流变学的一个重要分支，近些年来在理论与测试方面都取得了重要的进展。其中最显著的成果集中在聚合物研究领域。黏弹性力学不仅可以量化描述聚合物的弹性/黏性变形的比例，还可以根据聚合物的分子结构来说明不同黏弹行为的产生机理，建立聚合物材料宏观性能和分子结构乃至化学组成之间的联系。

沥青是一种典型的低分子量黏弹聚合物材料。黏弹性力学的跨越式发展为沥青材料的黏弹性分析提供了大量的研究基础，因此近些年来沥青的黏弹性一直是行业研究的重点。20 世纪 90 年代，美国的战略公路研究计划（Strategic Highway Research Program，SHRP）才首次系统地运用黏弹性力学评价了道路沥青的路用性能。现如今，大量基于黏弹性力学的沥青及沥青混合料性能指标已经取得了广泛认可。一些经验和直觉的结论也可以通过黏弹特性分析获得合理的解释。例如工业生产中常采用软化点而非针入度来控制改性沥青的性能，通过本书第 3 章的黏弹性力学分析可以发现，这有一部分原因是沥青中 SBS 相的黏弹特性在高温下更加明显（软化点的测试温度高于针入度的测试温度）。

可以将黏弹材料的行为想象为一个谱图，谱图的左侧是纯黏性的牛顿流体，右侧是纯弹性的固体。现实中的黏弹材料介于纯黏性和纯弹性之间，展示出一定的黏弹比例（可以用动态力学分析中的相位角进行量化）。一般情况下金属、硬质塑料以及弹性体（SBS）等更靠近纯弹性端，称为黏弹固体；而蜂蜜、高分子溶液、基质沥青则更靠近纯黏性端，称为黏弹液体。同时，材料到底处于谱图的哪个位置还极大依赖于其所处的环境温度和加载速率，这就是时间和温度对材料黏弹特性的影响。基质沥青和普通改性沥青中 SBS 掺量低，沥青的黏弹液体特性占据了主导。但高黏沥青中 SBS 掺量更高，SBS 相的黏弹固体特性愈发明显，在谱图上所处的位置逐渐朝纯弹性的一侧靠拢。这会带来更强的弹性、更高的高温模量、更小的温度敏感性等多种变化。同时一些原本适用于基质沥青和普通改性沥青的黏弹模型和分析方法也逐渐失效。本书将采用黏弹性力学中常用的主曲线技巧对这些变化进行表征与讨论。

1.1.3 高黏沥青的高弹性

优异的弹性恢复能力是 SBS 改性沥青最独特的特点。大量的研究表明，较好的弹性恢复率有助于提升沥青的抗车辙性能和抗疲劳性能，但现阶段对于改性沥青弹性的研究与评价不够重视，主要将弹性作为一个验证其他性能的辅助指标。事实上，强大的高弹性（High elasticity）是 SBS 作为弹性体的最本质特点。明晰 SBS 高弹性原理及对沥青的增弹机理具有重要研究意义。

SBS 的本质是热塑性弹性体或热塑性橡胶。而弹性体和橡胶最大的特点就是高弹性。高弹性是高分子聚合物所特有的一种弹性，与之对应的还有金属、岩石、玻璃态下的聚合物（如低温下的基质沥青）所表现出的普弹性。高弹性出现的条件远比普弹性苛刻，要求材料的分子链够长、够柔，并有一定的交联程度。SBS 恰好满足了这些要求，从而展示出典型的高弹性。

对于沥青材料而言，SBS 高弹性的以下特点值得注意：① 高弹形变量很大且可逆，可在 1 000% 以上；② 高弹态对应的模量较小，比其玻璃态时的模量小 3~5 个数量级；③ 高弹形变的松弛时间远大于普弹形变的松弛时间（即高弹形变恢复慢于普弹形变恢复），因此一般表现为延迟弹性；④ 普弹性归因于热力学内能变化，高弹性归因于高分子构象熵的变化；⑤ 温度越高，构象熵变化引起的回缩力越大，高弹性越明显。这些特点造成了基质沥青、普通改性沥青与高黏沥青之间的性能差异。本书第 4 章将对这些差异进行表征与讨论。

另外，长期以来，沥青的"弹性"包含多种含义且相互混用。根据定义的不同，弹性模量、相位角、弹性恢复率等指标都可以描述沥青的弹性，但这些指标之间并没有绝对的正相关关系。岩石的弹性模量远大于 SBS 改性沥青，因此从弹性力学的角度来讲岩石的弹性也远大于 SBS 改性沥青；但从弹性恢复率来看却是 SBS 改性沥青更弹，因为岩石在被拉伸 10 cm 后必然出现脆裂，不会有任何弹性恢复。基质沥青在 – 10 °C 低温下进入玻璃态，相位角接近 0°，比常温下 SBS 改性沥青的相位角更低，此时从黏弹性力学的角度来讲，基质沥青比 SBS 改性沥青更弹，但其弹性恢复率为 0，远小于 SBS 改性沥青。假设在沥青中加入岩沥青等硬质改性剂，使沥青变得硬脆，其弹性模量提高、相位角下降、弹性恢复率却降低，那该说沥青的"弹性"变强了还是变弱了呢？本书第 4 章将针对这些问题进行探讨。

1.1.4　高黏沥青的化学组成与官能团

沥青材料的路用性能与其化学成分有着密切的联系，研究者对沥青化学组成的探索从未停歇。沥青本质上是多种低分子量有机聚合物组成的混合物，因此可以方便地采用聚合物研究领域的表征手段对沥青的化学组成进行研究。最常用的几种表征手段有红外光谱、凝胶渗透色谱、核磁共振波谱法、原子力显微镜等。在这些方法中，红外光谱试验具有制样简单、检测效率高、设备维护方便、信息量大等优势，是目前道路沥青材料领域应用最多的化学性质表征方法。

红外光谱在沥青领域应用广泛，还有一个重要原因是其对 SBS 改性剂非常敏感。SBS 的聚丁二烯链和聚苯乙烯链在红外光谱的 966 cm^{-1} 和 699 cm^{-1} 两处各有一个非常明显的特征吸收峰，通过对这些特征峰强度进行量化评价，可以监测沥青中 SBS 的掺量，帮助建设者把控改性沥青质量。基于同样的原理，还可以追踪改性沥青老化过程中的 SBS 降解情况。本书第 5 章对 SBS 和沥青的红外特征峰进行了详细的记录与分析，并介绍了配套的光谱半定量分析方法和基于 MATLAB 的批量处理程序。

采用红外光谱对沥青进行测试时，主要有透射法和衰减全反射法（Attenuated Total Reflection，ATR）两种不同的光谱收集模式。透射法是传统方法，主要针对液体或溶液样品进行测试；ATR 是较新的方法，可以在常温下直接对固体沥青样品进行检测，且测试效率高，3 ~ 5 min 即可完成一个样品的测试，因此近些年来应用更广。但沥青材料领域的研究者在采用 ATR 法对改性沥青进行研究时往往忽略了 ATR 法的表面化学研究属性，这是指 ATR 法红外光谱扫描只能检测到沥青表面深 2 μm、直径 1.5 mm 范围内总质量约为 3.5×10^{-6} g 的沥青。如此小的检测范围很难保证测试结果对改性沥青这种多相材料具有代表性。

根据 SBS 改性剂的种类、掺量以及存储发育情况和制备工艺的不同，SBS 改性剂会在改性沥青内部呈现出完全不同的颗粒大小与分布形式。这种微观相态结构的变异性可能会对 ATR 法的检测结果造成影响。对于同一块 SBS 改性沥青样品，不同测试点范围内的 SBS 颗粒含量可能完全不同，特别是对于 SBS 掺量较高的高黏沥青，其内部微观相态分布愈发不均匀，不同测点结果的变异性也越大。这使得 ATR 难以准确测量沥青中的 SBS 含量（或者浓度）。针对这一变异性，本书进行了讨论并提出了可能的解决方案。除此以外，本书第 5 章还汇总了一些典型的沥青及改性剂材料的红外光谱图，并对其中主要的官能团进行了讨论，可为相关研究提供参考。

1.1.5 高黏沥青的老化

沥青是一种有机材料，与其他有机物一样，沥青也会在氧分子作用下逐渐老化，失去其原有的性能。高黏沥青是大孔隙排水路面的核心材料，由于其所处的大孔隙环境和高黏带来的较高施工温度，高黏沥青更容易面临极端的环境，出现老化现象。美国国家沥青技术中心（National Center for Asphalt Technology，NCAT）的研究表明高黏沥青老化引起的松散病害占大孔隙沥青路面所有病害案例的 75% 左右，松散问题使得大孔隙沥青路面整体寿命仅为普通密级配路面的 60% ~ 70%。因此，高黏沥青路用性能的准确评价必须在老化的视角下进行。

高黏沥青的老化问题主要源自两个因素。一方面，SBS 分子上的碳碳双键化学性质活泼，很容易在氧分子作用下发生热氧降解。高黏沥青中超高的 SBS 掺量赋予了其优异的路用性能，同时也使其更容易在氧分子作用下发生老化。另一方面，高黏沥青服役的全寿命周期均处于恶劣的老化环境中。短期老化阶段，黏度较高的高黏沥青在生产、储存、拌和、运输及施工过程都处于 180 ~ 200 ℃高温下（见图 1-4）；在长期服役阶段，大孔隙路面所特有的大孔隙结构会导致强烈的空气流动和雨水冲刷。高黏沥青在自身容易发生老化的前提下，面对远超于普通改性沥青所能承受的老化条件，因此会出现耐久性不足的问题。

图 1-4　高黏沥青现场施工温度

老化问题是高黏沥青与大孔隙排水路面全面推广应用的主要障碍之一，但目前针对高黏沥青老化行为的研究仍然不够完善。这一方面是因为高黏沥青自身老化机理复杂，同时也是因为缺乏科学的老化前后高黏沥青理化性质分析方法。高黏沥青是基质沥青和 SBS 改性剂组成的两相材料，其老化过程也包含沥青相氧化硬化和 SBS 相氧化降解两种行为。两种老化行为同时发生，相互干扰，又各自对不同的指标、温度范围、频率范围展示出主导性，共同决定了高黏沥青老化后的性能。在基质沥青和 SBS 掺量较低的改性沥青中，沥青相的硬化起主要作用，但在高黏沥青中，SBS 降解的作用愈发显著，干扰甚至掩盖沥青相硬化的特征，这使得部分适用于普通 SBS 改性沥青的理论方法与试验手段不再适用于高黏沥青，给其老化机理研究带来困难。

针对以上问题，本书第 6 章尝试提出可以分离沥青相氧化硬化和 SBS 相氧化降解行为的研究方法。对 2 种行为在不同性能指标、温度范围、频率范围和老化阶段所展示出的主导性进行归纳总结，最终揭示高黏沥青的老化机理与对性能的影响规律。

1.2 需要说明的问题

本书包含较多的沥青样品表征与测试，在无特殊说明时，本书所采用的 SBS 改性沥青或高黏沥青都是使用埃索 70 号基质沥青与 791H 线型 SBS 共混制得的，制备过程中添加了 0.13% 的硫黄作为稳定剂。普通改性沥青采用 4.2% 或 4.5% 的 SBS 掺量，高黏沥青则统一采用 7.5% 的 SBS 掺量。本书将同时研究普通 SBS 改性沥青与高黏沥青，并经常讨论不同 SBS 掺量对性能带来的影响，进而更好地展示 SBS 掺量变化带来的量变与质变。此外，本书还测试了一些其他典型改性沥青（EVA、PE、橡胶、岩沥青等），制备方式也都为实验室内高速剪切共混。

在不加以特殊说明时，本书所进行的试验均根据 AASHTO 规范和《公路工程沥青及沥青混合料试验规程》（JTG E 20—2011）进行。本书多次出现的英文简称及对应含义如表 1-2 所示。本书提出了新的 Doubles sigmoidal 主曲线模型以及基于 MATLAB 的批量化红外光谱半定量分析方法，它们的 Excel 拟合模板和 MATLAB 代码可以在西南交通大学教师主页中笔者的个人主页下载。

表 1-2　本书多次出现的简称及对应含义

简称	全称	含义
DSR	Dynamic Shear Rheometer	动态剪切流变仪
MSCR	Multi-Stress Creep and Recovery	多重应力蠕变恢复试验
LAS	Linear Amplitude Sweep	线性振幅扫描试验
FTIR	Fourier Transform Infrared Spectroscopy	傅里叶变换红外光谱

续表

简称	全称	含义
ATR-FTIR	Attenuated Total Reflection Fourier Transform Infrared Spectroscopy	衰减全反射傅里叶变换红外光谱
GPC	Gel Permeation Chromatography	凝胶渗透色谱
RTFOT	Rolling Thin Film Oven Aging Test	旋转薄膜烘箱老化试验
PAV	Pressure Aging Vessel	压力老化
DS	Double sigmoidal	本书提出的一种主曲线模型
WCTG	Western States Cooperative Testing Group	美国西部诸州联合测试团队
MARC	Modified Asphalt Research Center	美国改性沥青研究中心
SHRP	Strategic Highway Research Program	美国战略公路研究计划

SBS 改性对沥青性能的影响研究

要研究 SBS 改性沥青，首先要制得稳定的 SBS 改性沥青，SBS 改性沥青制备过程的本质是高分子 SBS 与石油沥青的物理共混，基本不存在化学反应。因此无论是化学组成、黏弹特性、力学性能或是老化行为，SBS 改性沥青的表现都是 SBS 高分子与石油沥青两者表现的耦合叠加。普通改性沥青中 SBS 掺量较低，沥青相的表现就占主导，高黏沥青中 SBS 掺量较高，SBS 相的表现就更明显，这是贯穿本书的主要观点。

本章首先对 SBS 改性沥青的共混机理进行讨论，并介绍基于热力学的 SBS 改性沥青相容性评价方法。然后，本章从高分子物理的角度出发，对纯 SBS 改性剂与 SBS 改性沥青的模量-温度曲线（热机械曲线）和力学状态变化（玻璃态、高弹态、黏流态）进行讨论，研究 SBS 改性剂对不同温度下沥青模量的影响规律，从而更好地揭示 SBS 对沥青不同性能的影响。

2.1 SBS 与沥青的共混机理

SBS 改性沥青的制备思路很简单，本质是纯 SBS 与沥青的简单物理共混，基本不存在化学反应，具体可以采用搅拌、剪切、过胶体磨等多种方法来实现。普通 PG 76 的 SBS 改性沥青 SBS 掺量约为 4.5%，当 SBS 掺量提升到 7%~8% 时，改性沥青的 60 ℃ 动力黏度可超过 2×10^5 Pa·s，一般称其为高黏沥青。本节主要从相态结构、分子量、官能团等微观角度讨论 SBS 改性沥青制备过程中沥青与 SBS 粒子的共混机理。

2.1.1　SBS 改性对沥青微观相态的影响

采用荧光显微可以直观地对 SBS 与沥青的共混情况进行观测。改性沥青荧光显微的成片效果受到制样方式、显微镜观测参数、基质沥青来源、改性沥青制备工艺等诸多因素的影响，因此成片的效果也千变万化。采用荧光显微成像进行研究时，建议保证以上因素的合理与统一。

不同 SBS 掺量的 SBS 改性沥青荧光显微图像如图 2-1 所示。可以看出 SBS 掺量低于 4.5% 时，SBS 主要以颗粒的形式分布在沥青中。从胶体理论来讲，此时 SBS 是分散相而沥青是连续相。当 SBS 掺量超过 4.5% 时，SBS 颗粒开始互相连接，形成肉眼可见的网络结构并将沥青包裹在网络当中，最终形成了以 SBS 为连续相而沥青为分散相的微观结构。

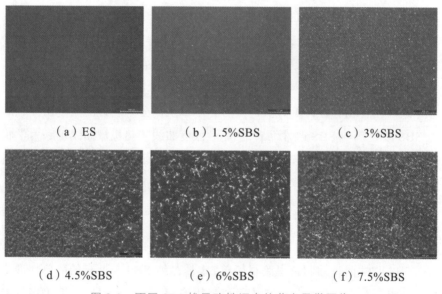

（a）ES　　　　　（b）1.5%SBS　　　　　（c）3%SBS

（d）4.5%SBS　　　　（e）6%SBS　　　　（f）7.5%SBS

图 2-1　不同 SBS 掺量改性沥青的荧光显微图像

一般来说，两相共混体系中，含量高的组分呈连续相，含量低组分的则呈分散相。理论计算表明，当某组分含量达到 74% 体积分数时，一定会呈连续相。也就是说含量在 26% 以下的组分一定呈分散相，含量在 26%~74% 之间则要视具体条件而定[1]。虽然 SBS 在改性沥青中的质量比例远达不到 26%，但由于 SBS 会在沥青中与相当于自身质量 6~9 倍的油分发生溶胀，体积迅速扩大，因此也会形成连续相。

　　4.5% 是制备 SBS 改性沥青的一个关键掺量。当沥青中的 SBS 掺量达到 4.5% 时，SBS 相由分散相转变为连续相，改性沥青的各方面性能都会获得长足的提升，单位 SBS 用量对沥青的改性效果大大增强。因此常见 PG76 改性沥青的 SBS 掺量都在 4%~4.5%。过高的 SBS 掺量可能导致出现离析和凝胶等不利现象，同时考虑到经济性，高黏沥青的 SBS 掺量一般不会超过 7%~8%。

2.1.2　SBS 改性对沥青分子量的影响

　　采用 GPC 可以对沥青的分子量进行研究。目前工业最常用的 791H 型 SBS 改性剂的重均分子量在 17 万左右，远大于常用基质沥青的分子量（2 000~3 000），因此采用 GPC 可以直接观测到 SBS 改性沥青与基质沥青分子量的差别。不同 SBS 掺量的 SBS 改性沥青的 GPC 检测结果如图 2-2 所示。在 GPC 色谱中，冲洗时间越长，对应分子量越小；信号强度越高，该尺寸的分子数量越多。

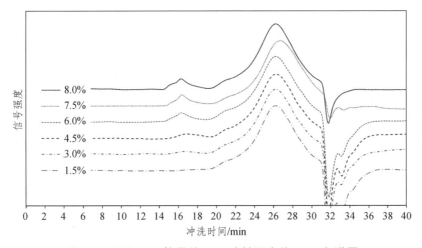

图 2-2　不同 SBS 掺量的 SBS 改性沥青的 GPC 色谱图

从图 2-2 所展示的改性沥青色谱图可以看出，SBS 相和基质沥青相在冲洗时间 14～18 min 和 20～31 min 左右分别形成了一个明显的峰。32 min 处色谱的明显下凹是 GPC 试验中的有机溶剂造成的，不具有分析意义。SBS 分子的分子量远大于普通基质沥青的平均分子量，因此 SBS 分子析出时间较快，色谱吸收峰形成的时间也较早。SBS 在改性沥青中所占的质量比例远低于基质沥青，因此 SBS 峰的峰面积明显小于基质沥青峰面积。进一步的，面积较大的基质沥青峰可以根据分子量大小细分为沥青质（冲洗时间 20～23 min）与剩余的芳香分、饱和分和胶质（冲洗时间 23～31 min）。

随着 SBS 掺量的提高，GPC 色谱图中 SBS 峰强度也对应增强，但沥青峰没有出现明显变化。这是因为在没有硫黄或其他稳定剂参与的情况下，SBS 颗粒主要与沥青发生物理共混，并没有明显化学反应发生，因此也不会影响沥青分子的结构和分子量大小。有的研究指出在改性沥青制作过程中，高速剪切或者研磨可能会切断部分 SBS 分子的主链，产生活泼的自由基，自由基互相结合或与氧分子反应，会生成新的分子结构，从而引起改性沥青化学组成和分子量的变化[2]。但从 GPC 色谱可以看出这类反应的发生程度较低，并没有对改性沥青分子分布造成明显改变。在工业生产中，为高效率地利用 SBS 改性剂，保留其特有的高分子长链结构，也较少采用高速剪切，而是倾向于让 SBS 在沥青中自然溶胀。

通过 GPC 获得的曲线可以计算物质的分子量，一般用重均分子量描述聚合物的分子量，常用的道路改性用 SBS 改性剂的分子量如表 2-1 所示。可以看出星型结构 SBS 的分子量明显大于线型 SBS 的分子量，这使得其对沥青有更好的改性效果，但也更难与沥青相容。多分散系数是重均分子量与数均分子量的比值，多分散系数越小，代表物质的分子量分布越集中。基质沥青是多种有机化合物组合在一起的混合物，各组分的分子量差异较大，因此其多分散系数远大于工业合成的 SBS 的多分散系数。

表 2-1　SBS 改性剂与基质沥青的分子量统计

材料	分子结构	重均分子量	数均分子量	多分散系数
SBS（牌号 161B）	星型	289 782	229 210	1.26
SBS（牌号 791H）	线型	170 810	146 741	1.16
SBS（牌号 6302）	线型	184 125	160 639	1.15
SBS（牌号 3501）	线型	165 977	145 640	1.14
70 号基质沥青	—	2 383	564	4.23

2.1.3　SBS 改性对沥青官能团的影响

采用 FTIR 可以对沥青的化学成分与官能团进行研究。SBS、基质沥青以及 SBS 改性沥青的红外光谱如图 2-3 所示。本节主要讨论 SBS 与基质沥青共混对光谱的影响。针对 SBS、基质沥青与 SBS 改性沥青具体官能团的分析详见本书 5.3 节。

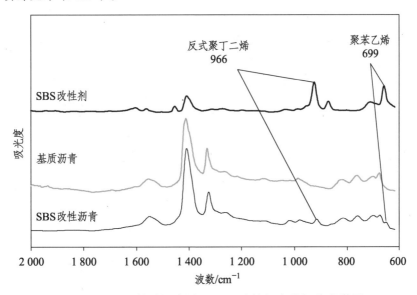

图 2-3　SBS、基质沥青以及 SBS 改性沥青的红外光谱图

由于 SBS 改性剂与基质沥青之间不存在明显的化学反应，物理共混不

会引入新的化学物质或官能团，因此 SBS 改性沥青的红外光谱只是 SBS 改性剂光谱与基质沥青光谱的简单叠加。同时，由于 SBS 改性沥青中 SBS 所占的质量比相对较低，大部分 SBS 特征峰都被沥青特征峰所遮掩，只有 966 cm^{-1} 和 699 cm^{-1} 两处分别对应反式聚丁二烯和聚苯乙烯的特征峰较为明显。这两个峰也是研究 SBS 改性沥青常用的红外特征峰。

采用透射法 FTIR 对不同 SBS 掺量的改性沥青进行扫描，结果如图 2-4 所示。可见 SBS 的 966 cm^{-1} 和 699 cm^{-1} 处特征峰的强度与 SBS 掺量呈明显的正相关关系。这使得 SBS 特征峰强度可以作为估算改性沥青中 SBS 含量的重要指标。需要注意的是，往沥青中掺入硫黄等稳定剂时，稳定剂会与 SBS 中的聚丁二烯链发生化学反应，从而略微削弱聚丁二烯峰的特征强度。在采用红外光谱确定 SBS 掺量时需要额外注意这种化学反应引起的特征峰强度变化[3]。

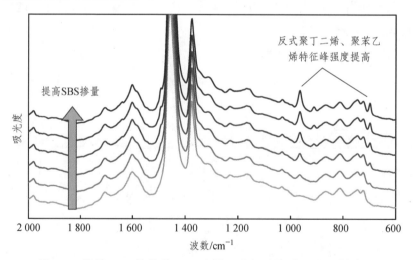

图 2-4   不同 SBS 掺量的 SBS 改性沥青红外光谱图（透射法）

2.1.4   基于热力学的 SBS 改性沥青存储稳定性研究

SBS 改性沥青是 SBS 与基质沥青的物理共混产物，并不是均一稳定的，SBS 从改性沥青中析出上浮的现象被称作离析。离析是 SBS 改性沥青在高温存储、运输过程中面临的主要难题，业界对改性沥青的存储稳定性进行了大量研究，48 h 离析软化点差值也是评价改性沥青综合性能的必测指标之一。本节主要对 SBS 改性沥青的离析机理及硫黄稳定剂作用原理进行介绍。

1. SBS 改性沥青的离析机理

从热力学的角度来讲，SBS 与基质沥青的理化性质（分子量、极性等）差异过大，是两种热力学不相容的材料。通过高速剪切等手段可以将 SBS 与沥青强行混合在一起，但 SBS 沥青这个不相容体系仍会在长期存储过程中发生相分离，即 SBS 粒子在沥青中逐渐团聚，最终析出。SBS 的密度略低于沥青的密度，在密度差的作用下，析出的 SBS 逐渐上浮到沥青表面，最终引起沥青上层 SBS 浓度高、下层浓度低的离析现象。SBS 在热存储过程中的离析行为如图 2-5 所示。需要注意的是，离析包含了 SBS 相分离析出与析出后上浮两个过程。相分离只会导致 SBS 从沥青中团聚析出，密度差才是导致 SBS 上浮发生离析的直接原因。因此有在 SBS 颗粒中添加填料，减小与沥青的密度差从而缓解离析的做法。

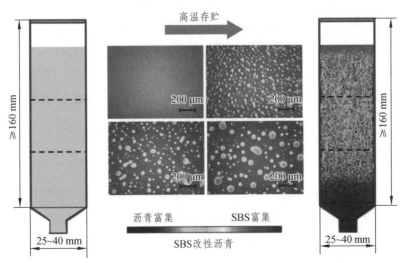

图 2-5　SBS 改性沥青在热存储过程中的相分离与离析[4]

2．溶 解 度 参 数

（1）Gibbs 自由能。

虽然 SBS-沥青体系的相容性很差，总是倾向于离析，但有的来源的沥青与 SBS 相容性稍好，离析慢，仍可满足工业存储要求。为了更准确地判断特定来源或牌号的 SBS 和特定来源的基质沥青的相容性，研究人员提出了基于溶解度参数（solubility parameter）的评价手段。其主要思路是分别确定 SBS 与沥青的溶解度参数并比较，2 种材料的溶解度参数越相近，说明两者的差别越小，相容性越好。溶解度参数分析理论推导如下：

假设 SBS 改性沥青是二元共混物（binary blend），其中只含有沥青和 SBS 两相。SBS 在沥青中的溶解是物理共混过程，可以用共混前后 Gibbs 自由能的变化情况（ ΔG ）来判断其共混难度。 ΔG 按式（2-1）进行计算：

$$\Delta G = \Delta H - T\Delta S \qquad (2\text{-}1)$$

式中， ΔG 是自由能； ΔH 是共混焓（热量）； ΔS 是共混熵； T 是温度。

一个独立的体系总是倾向于降低自身的自由能，若共混前后的 $\Delta G < 0$ ，则说明 SBS 与沥青的共混可以自发进行，即两者相容性好；若共混前后的 $\Delta G > 0$ ，则共混无法自发进行，即两者相容性差。混合过程中熵总是增大，即 $\Delta S > 0$ （熵的概念详见本书 4.13 节），因此可以先不讨论熵的影响，仅讨论焓 ΔH 的变化情况。

假设混合过程中没有体积变化，可以采用 Hildebrand 溶解度公式计算 ΔH ：

$$\Delta H = V_A V_1 V_2 (\delta_1 - \delta_2)^2 \qquad (2\text{-}2)$$

式中， V_A 是混合体系的总体积； V_1 、 V_2 分别表示溶剂（沥青）和溶质（SBS）的体积分数； δ_1 和 δ_2 分别表示溶剂和溶质的溶解度参数。

不难看出溶解度参数的差值（ $\delta_1 - \delta_2$ ）对 ΔH 影响很大。溶解度参数差值越小， ΔH 越小， ΔG 越小，沥青与 SBS 越容易混合。

（2）Hildebrand 公式。

要具体计算溶质与溶剂的溶解度参数 δ，可以依据 Hildebrand 公式的假设，按以下方法进行：

$$\delta = \sqrt{\frac{E}{V}} \qquad\qquad （2\text{-}3）$$

式中，δ 是溶解度参数；E 代表内聚能；V 代表物质的体积；$\frac{E}{V}$ 即物质的内聚能密度（cohesive energy density，CED），代表气化单位体积该物质所需要的能量。

CED 的大小主要与物质结构相关，因此溶剂与溶质的分子结构越相近，CED 越接近，溶解度参数越接近，两者越容易共混。

但 Hildebrand 提供的溶解度计算方法并不适用于 SBS 和沥青等分子量较大的聚合物，因为分子量太大时分子会互相缠绕，它们无法完全气化，从而无法计算内聚能密度。对于 SBS 和沥青，一般采用间接测量的方法确定溶解度参数：如果能找到某种溶剂，它与沥青能以任何比例互溶，互相不发生反应或缔合，而且溶解过程中没有自由能的变化，那么这种溶剂的溶解度参数就可作为沥青的溶解度参数。

研究者们常采用稀溶液黏度法间接测量高分子的溶解度参数。高分子稀溶液的黏度与高分子在溶液中的流体力学体积呈正比。可以想象，高分子在溶剂中溶解得越好，则分子链伸展越充分，流体力学体积越大，在溶液流动过程中造成的阻挠越大，溶液的黏度也就越大。如果用多种溶解度参数不同的液体作为溶剂，分别测定高分子在这些溶剂中的黏度，那么黏度最大值所对应溶剂的溶解度参数就可以看作该高分子的溶解度参数。

通过间接测量可以分别获得 SBS 与沥青的溶解度参数。SBS 的化学结构简单，溶解度参数测试相对容易且结果变异性较小。沥青的化学组成复杂，溶解度参数测量结果变异性较大，不同组分（沥青质、胶质、芳香分、饱和分）的测试结果也存在明显差别。不同研究者的测试结果从 14.3 ~ 32.8 $(J/cm^3)^{0.5}$ 不等[5]。

（3）Hansen 公式。

稀溶液黏度间接测量法中所用溶剂的溶解度参数仍然是根据 Hildebrand 公式计算获得的。溶剂的分子量一般较小，高温下可以完全气化，因此其溶解度参数可以通过 Hildebrand 公式直接计算获得。有的研究认为 Hildebrand 公式只考虑了物质内部的内聚能，未考虑溶剂与溶质之间的相互作用，计算结果不适用于展现出一定极性的 SBS 和沥青，因此建议采用同时考虑内聚力、极性、氢键的 Hansen 公式计算 SBS-沥青体系的溶解度参数[6]。

Hansen 公式为

$$\delta = \sqrt{\frac{E_D + E_P + E_H}{V}} \qquad (2\text{-}4)$$

也可以写作

$$\delta = \sqrt{\delta_D^2 + \delta_P^2 + \delta_H^2} \qquad (2\text{-}5)$$

式中，E_D 代表色散能；E_P 代表极性能；E_H 代表氢键键能；δ_D、δ_P、δ_H 分别代表色散能、极性能、氢键键能对应的溶解度参数分量。

Hansen 公式对 SBS 与沥青之间的相互作用考虑得更为齐全，因此能获得更好的预测效果。但对于沥青与 SBS，在实际计算过程中，δ_D、δ_P、δ_H 同样需要通过间接测量的方法分别确定。

（4）Hansen 公式+ Flory-Huggins 模型。

Hildebrand 公式和 Hansen 公式都只考虑了焓 ΔH 对自由能的影响，未考虑熵 ΔS 对自由能的影响。SBS 作为一种高分子，在与沥青的共混过程中展现出明显的熵变，因此有的研究认为单纯采用 Hildebrand 公式或 Hansen 公式并不能准确计算 SBS-沥青共混体系中的自由能变化。要考虑熵的影响，更为准确地计算 SBS-沥青共混体的自由能，可以借助 Flory-Huggins 模型。Flory-Huggins 模型是描述高分子与溶剂混合体系自由能变化的经典数学模型，该模型将高分子溶液假设为"晶格"体系，描述了高分子和溶剂在混合时，分子尺寸差别对自由能的影响。Flory-Huggins 模型

体系下的自由能 G 计算方法为

$$G = RT \left(\frac{\varphi_1}{N_1} \ln \varphi_1 + \frac{\varphi_1}{N_2} \ln \varphi_1 + \chi \varphi_1 \varphi_2 \right) \quad （2-6）$$

式中，φ_1 和 φ_2 分别是 SBS 与沥青的浓度；N_1 和 N_2 分别是 SBS 与沥青的分子链数；R 是通用气体常数；T 是开尔文温度；χ 是描述 SBS 与沥青之间相互作用情况的参数，也称 Huggins 参数。

χ 可以通过 Hansen 公式计算获得，计算方法为

$$\chi = \frac{V_s}{RT} (\delta_{D1} - \delta_{D1}) + \frac{(\delta_{P1} - \delta_{P2})^2}{4} + \frac{(\delta_{H1} - \delta_{H2})^2}{4} \quad （2-7）$$

式中，V_s 是 Flory-Huggins 模型晶格中链的摩尔体积。

可以看出，无论是单纯采用 Hildebrand 或 Hansen 公式计算自由能（只考虑焓 ΔH），还是采用 Hansen 公式加和 Flory-Huggins 模型计算自由能（同时考虑焓 ΔH 和熵 ΔS），都可以得出溶解度参数差值越小，自由能越小，SBS 与沥青越相容的结论。

3．自由能曲线与相图

式（2-2）和式（2-6）指出，自由能不仅与溶解度参数差值有关，还与 SBS 的掺量和环境温度有关。仅凭溶解度参数一个指标无法讨论 SBS 掺量和环境温度对体系相容性的影响，难以判断改性沥青会在多少 SBS 掺量、什么环境温度下发生相分离，而这些信息对于工业生产是极其重要的。相容性与 SBS 掺量和环境温度的关系可以通过自由能曲线（Free energy curve）和相图（Phase diagram）获得。

自由能曲线的横坐标是混合体系中两相的相对浓度（可以由 SBS 掺量换算获得），纵坐标是自由能。通过本节介绍的方法，可以计算不同温度、不同 SBS 掺量下的体系自由能，进而获得随 SBS 掺量和温度变化的自由能曲线。在不同的环境温度下，热力学自由能曲线随 SBS 掺量变化表现出多种形态（single well，double well 等）。将不同 SBS 掺量下自由能曲线极

低点（bottom point）对应的温度连线，就可以获得相图中的稳定单相极限曲线（binodal curve）。类似地，将不同 SBS 掺量下自由能曲线拐点（inflection point）对应的温度连线，就可以获得相图中的旋节线（spinodal curve）。根据自由能曲线和相图，可以确定出现相分离的临界 SBS 掺量、低临界溶解温度（Lower Critical Solution Temperature，LCST）、高临界溶解温度（Upper Critical Solution Temperature，UCST）以及 SBS 在沥青中相分离的形式 [成核增长（Binodal）、旋节分解（Spinodal）] 等信息。典型的自由能曲线和相图如图 2-6 所示。

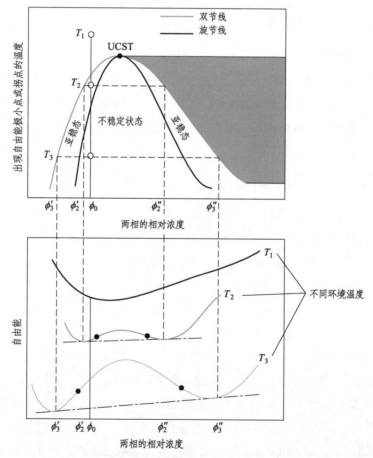

图 2-6　典型的自由能曲线和相图[5]

上述热力学研究方法具有清晰的理论基础，但在实施时面临以下两个难点：

① 对于沥青这种分子量偏大的混合物，难以直接确定其溶解度参数，需要采用与其他已知溶解度参数的溶剂对比的方法来间接测量。即便如此，间接测量也非常困难，往往需要测试 40～50 种不同种类的溶剂；

② Flory-Huggins 模型中部分关键参数（沥青和 SBS 的分子链数等）只能估计，不能实测，进一步增大了测准溶解度参数的难度。

由于以上这些问题，相关研究主要停留在理论层面，实际应用还较为少见。另外也有观点认为：工业上所讨论的 SBS 改性沥青的存储稳定性是一个动力学概念而非热力学概念。这是指由于理化性质的差异，SBS-沥青体系肯定会相分离（热力学不相容），但可以采用添加增溶剂等技术手段尽量延长相分离发生所需的时间，只要在存储和运输过程中不离析即可（动力学相容）。

4. 硫黄稳定剂

为了避免 SBS 离析，工业制备 SBS 改性沥青时往往会添加硫黄等稳定剂。这一技巧源自硫化橡胶制备工艺。制备 SBS 改性沥青时，先通过物理搅拌的方式强行使 SBS 在沥青中均匀分散，然后添加硫黄进行动态硫化。硫黄会与 SBS 以及沥青中的活泼组分发生交联反应，在两者间形成稳定的化学键（S—S 或 C—S），将 SBS 分子"锚定"在沥青分子上，起到类似表面活性剂的效果，降低体系自由能从而提高存储稳定性。动态硫化可以"冻结"SBS 在沥青中的均匀分散状态，避免 SBS 在日后的长期储存过程中团聚和离析。一般而言，建议在 SBS 改性沥青中添加相当于 SBS 质量的 1/28 的硫黄作为稳定剂。添加硫黄的效果在微观结构上表现为 SBS 在沥青中的分布变得更加均匀。添加硫黄前后 SBS 改性沥青的荧光显微观测图像如图 2-7 所示。可以看出，加入硫黄后 SBS 分子的粒径明显减小，溶胀度提高，分布变得均匀。

（a）未添加硫黄的改进沥青　　　　　（b）添加硫黄的 SBS 改性沥青

图 2-7　添加硫黄前后改性沥青微观相态的变化（荧光显微）

　　采用 GPC 观察了 SBS 改性沥青制备过程中添加硫黄前后分子量的变化情况，结果如图 2-8 所示。添加硫黄后，原来"高而尖"的 SBS 峰变得"宽而矮"。这说明硫黄引发了化学反应与 SBS 分子量的变化。硫黄会与 SBS 发生交联反应，导致小分子量的 SBS 数量减少，大分子量的 SBS 数量上升。在 GPC 色谱图上即表现为 SBS 峰逐渐变矮且向分子量更大（冲洗时间更短）的方向延伸。

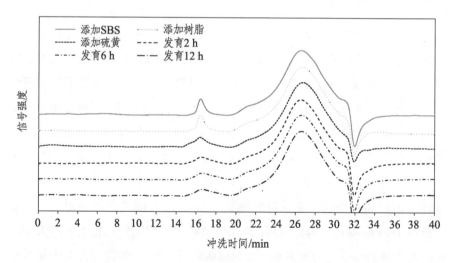

图 2-8　添加硫黄前后改性沥青分子量的变化（GPC 色谱图）

2.2 SBS 对不同温度下沥青模量的影响

模量是材料重要的力学属性，表明了其抵抗变形的能力，沥青的绝大部分路用性能都与其模量息息相关。另一方面，道路沥青材料具有极强的温度敏感性，却又在温度剧烈变化的大气环境当中服役，导致其模量随温度发生剧烈的变化。为了对沥青在不同温度下的模量和黏度提出要求，研究人员设立了一系列的检测手段（25 ℃ 针入度、60 ℃ 动力黏度、软化点等）。但这些方法角度单一，只能对应较窄的温度范围，难以全面直观地展示沥青模量的变化规律。SBS 改性剂的加入更是使得改性沥青的模量-温度关系发生巨大变化。

针对以上情况，本节从高分子物理的角度出发，对纯 SBS 改性剂与 SBS 改性沥青的模量-温度曲线（热机械曲线）和力学状态变化（玻璃态、高弹态、黏流态）进行讨论，研究 SBS 改性剂对不同温度下沥青模量的影响规律，从而帮助读者更好地理解沥青力学性能随温度的变化规律以及 SBS 对沥青的改性效果。

2.2.1　无定形聚合物在不同温度下的力学状态变化

SBS 和沥青都是聚合物。聚合物按照其内部分子是否周期性有序排列，可以分为结晶态和无定形态（非晶态）2 种。蜡是典型的结晶聚合物，沥青则是典型的无定形聚合物（amorphous polymer）。作为一种无定形聚合物，沥青中的分子散乱排列，分子热运动受到外部环境温度的剧烈影响，因此沥青表现出明显的温度敏感性。

无定形聚合物的温度敏感性使得沥青的模量随温度发生剧烈变化。随着温度升高，无定形聚合物的模量迅速下降，展现出 3 种不同的力学状态，即玻璃态、高弹态（又称橡胶态）与黏流态。无定形聚合物的力学状态变化可以通过模量-温度曲线描述（又称热机械曲线）。基质沥青与纯 SBS 的实测模量-温度曲线如图 2-9 所示。由于设备的限制，图 2-9 只提供了 - 30 ~ 140 ℃ 之间的实测数据，但根据诸多其他相关研究，基质沥青与纯 SBS

在更宽温度范围内（-150~150 ℃）的模量-温度曲线示意如图 2-10 所示。

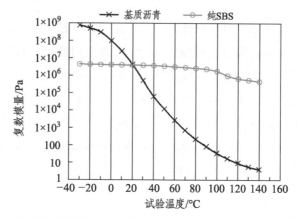

图 2-9　基质沥青与纯 SBS 的实测模量-温度曲线（-30~140 ℃）

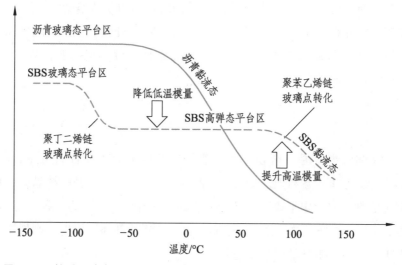

图 2-10　基质沥青与纯 SBS 的实测模量-温度曲线示意（-150~150 ℃）

　　图 2-10 中的玻璃态、高弹态、黏流态 3 种不同力学状态是无定形聚合物分子微观运动特征的宏观表现。沥青的分子量低，分子之间没有缠结，因此其高弹态不明显或根本没有，主要呈现玻璃态和黏流态。沥青的玻璃态转化温度在 -20~0 ℃，随着温度继续升高便逐渐进入黏流态。沥青在低温玻璃态区展现出硬脆的特点，在高温黏流态区则展现出软黏的特点，

这使得其低温抗裂性能和高温抗变形性能都较差。SBS 的分子量大，分子之间缠结明显，因此拥有明显的高弹态。与沥青相比，SBS 的玻璃态转化温度更低，高弹态模量更高，温度敏感性更低，因此，往沥青中加入 SBS 可以同时起到降低低温模量和增大高温模量的效果。

事实上，SBS 是由聚丁二烯（polybutadiene，简称 PB）和聚苯乙烯（polystyrene，简称 PS）两种链组成的嵌段聚合物，因此具有两个不同的玻璃态转化温度。聚苯乙烯链的玻璃化温度约为 90 ℃；聚丁二烯的玻璃化温度约为 − 80 ℃。在 − 80 ~ 90 ℃ 区间内，聚丁二烯呈现高弹态而聚苯乙烯呈现玻璃态。由于玻璃态的聚苯乙烯质量占比较低（约 30%），因此，不仅不会妨碍高弹态的聚丁二烯施展弹性，反而起到物理交联点的作用，将聚丁二烯分子连接在一起，进一步增强了 SBS 的弹性，因此在 − 80 ~ 90 ℃ 区间内 SBS 总体呈现高弹态。在 90 ℃ 以上的高温区，聚苯乙烯经历玻璃态—黏流态转变，分散开来不再保持聚集，SBS 的弹性网络与相应的增强效果随之消失。这使得 SBS 改性沥青在 90 ℃ 以上呈现出与基质沥青类似的牛顿流体性质，有利于拌和施工。当施工结束温度再次降低至 90 ℃ 以下，聚苯乙烯又重新玻璃化，帮助 SBS 再次形成弹性网络从而增强 SBS 改性沥青的性能，这就是 SBS 的热塑性。这对于改性沥青的实际应用是十分有利的。普通的硫化橡胶在常温下虽然也有高弹性，但是高温下不能熔融，因此没有热塑性，这也是废旧橡胶改性沥青施工和易性较差的原因。

2.2.2   SBS 改性沥青的模量-温度曲线

动态力学分析获得的复数模量是评价沥青材料最常用的模量指标。采用 DSR 对不同 SBS 掺量的 SBS 改性沥青进行温度扫描，检测其复数模量变化情况，结果如图 2-11 所示。可以看出添加 SBS 可以略微降低低温模量，明显提高高温模量，且 SBS 掺量越高，效果越明显，这对于 SBS 改性沥青的低温性能和高温性能都大有裨益。

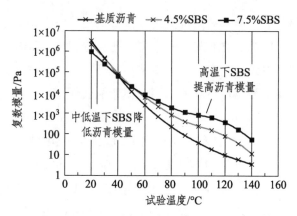

图 2-11 SBS 改性沥青的模量-温度曲线

为进一步分析，以 SBS 掺量为横坐标，复数模量为纵坐标重新呈现图 2-11 的数据，结果如图 2-12 所示，图中不同数据系列代表逐渐提高的测试温度（0～90 ℃）。可以看出不同温度下 SBS 改性对沥青模量的影响规律是不同的。中低温下（＜40 ℃），沥青模量随 SBS 掺量的增加而降低，且温度越低降幅越明显；高温下（＞40 ℃），沥青模量随 SBS 的增加而增大，且温度越高增幅越明显。

相位角检测结果也列在图 2-12 中。中低温下（＜30 ℃），相位角随 SBS 掺量的增加而增加，且温度越低增幅越明显，说明 SBS 有效提升了沥青在低温下的应力松弛能力，显著提高了抗裂性能；高温下（＞30 ℃），相位

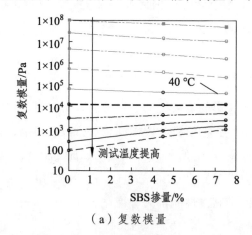

（a）复数模量

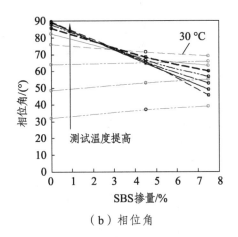

（b）相位角

图 2-12. 0～90 ℃ 范围内 SBS 改性沥青的复数模量与相位角检测结果

角随 SBS 的增加而降低，且温度越高降幅越明显，说明 SBS 有效提升了沥青在高温下的弹性，对抗车辙变形性能大有裨益。这种基于温度的差异化影响使得 SBS 全方位地提升了沥青的高温性能与低温性能。

采用模量-温度曲线也可以对其他改性剂进行研究。以抗车辙剂为例（图 2-13），抗车辙剂的主要成分聚乙烯是一种典型的结晶型聚合物。聚乙烯在 110 ℃ 以下结晶，模量明显提高，对高温抗车辙性能大有裨益，高于110 ℃ 时聚乙烯结晶熔化，模量明显降低，又提高了施工和易性，因此聚乙烯也可以作为温拌剂使用。SBS 中的聚苯乙烯链在 90 ℃ 以上也会发生

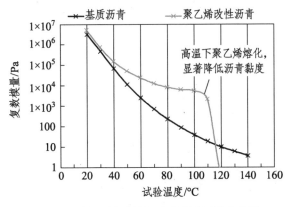

图 2-13 聚乙烯改性沥青的模量-温度曲线

玻璃态—黏流态转变（注意不是结晶熔融），起到一定的降黏效果，但远不如结晶聚合物熔融带来的降黏效果好。但低温下聚乙烯模量过高且韧性较差，对低温抗裂性能有负面影响，使用时需要对低温性能多加注意。

2.3　SBS 对沥青路用性能的影响

2.3.1　车辙因子

不同 SBS 掺量改性沥青在 70 ℃ 下的车辙因子检测结果如图 2-14 所示。可以看出 SBS 改性对于车辙因子有极大的增益作用。这是因为 70 ℃ 下 SBS 既能提高沥青模量，又能降低沥青的相位角，从两方面提升了车辙因子。此外可以看出，分子量更大的星型 SBS 对车辙因子的增益作用大于线型 SBS 的增益作用。

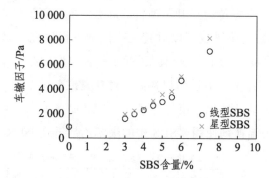

图 2-14　不同 SBS 掺量的 SBS 改性沥青的车辙因子检测结果（70 ℃）

2.3.2　MSCR 试验

采用 MSCR 试验评价了不同 SBS 掺量对 SBS 改性沥青弹性的影响。通过 MSCR 试验计算的 $R_{3.2}$ 和 $J_{nr3.2}$ 指标结果如图 2-15 所示。MSCR 试验主要评价沥青的高温性能，测试温度较高（70 ℃），此时 SBS 对沥青起到增加模量和增强弹性的效果。根据图 2-15 可以看出，随着 SBS 掺量提高，$R_{3.2}$ 也随之升高，表面改性沥青弹性行为比例越来越大。当 SBS 掺量高于 5%

时，$R_{3.2}$ 已接近 100%，因此后续增长并不明显。星型 SBS 对 $R_{3.2}$ 的增益效果强于线型 SBS。$J_{nr3.2}$ 指标综合考虑了沥青硬度与弹性对高温抗变形能力的贡献，$J_{nr3.2}$ 数值越小，表明沥青高温抗变形能力越强。从 $J_{nr3.2}$ 检测结果可以看出，随着 SBS 掺量增加，改性沥青抗变形能力增强，且星型 SBS 的增益效果明显强于线型 SBS 的增益效果。

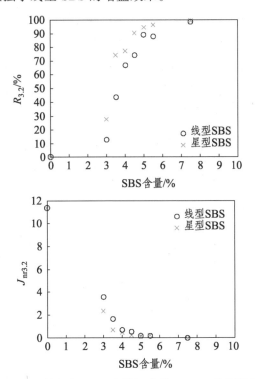

图 2-15　不同 SBS 掺量的 SBS 改性沥青的 MSCR 检测结果（70 ℃）

2.3.3　零剪切黏度

高黏沥青的主要应用场景是大孔隙排水路面。由于孔隙率大，混合料容易出现飞散剥落破坏，因此需要高黏度的沥青胶结料来保证对石料的裹覆以及石料之间的黏附性能。若沥青黏度不够，很容易出现黏附失效，进而导致飞散病害。一般采用 60 ℃ 动力黏度或零剪切黏度（ZSV）来评价高黏沥青的黏度。但有研究表明毛细管动力黏度试验的剪切速率不可控[7]，测试高黏沥青时容易剪切速率过低，可能会受到屈服应力现象的影响[8]，进而造成测试结果虚高，因此本书采用 DSR 测试的 ZSV 进行黏度评价。

不同 SBS 掺量改性沥青的 ZSV 结果如图 2-16 所示。ZSV 的测试温度是 60 ℃，温度较高，此时 SBS 对沥青的模量和黏度起到增强作用。由于存在物理交联，SBS 在加入沥青后自发形成三维网状结构，长链 SBS 分子互相缠绕，并将沥青包裹在网状结构当中，导致沥青分子之间的相互运动受到阻碍，从而提升改性沥青的黏度。另外，由于星型 SBS 分子结构比线型 SBS 分子更为复杂，更容易与其他 SBS 分子和沥青分子发生缠绕，因此对黏度的提升也更为明显。

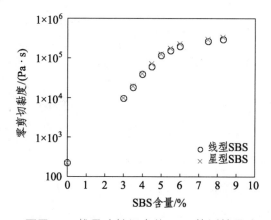

图 2-16 不同 SBS 掺量改性沥青的 ZSV 检测结果（60 ℃）

2.3.4 布氏黏度

不同 SBS 掺量改性沥青的布氏黏度检测结果如图 2-17 所示。与 ZSV 一样，布氏黏度也是一种通过稳态剪切测试获得的表观黏度，只是测试的温度更高（135 ℃）。高温下 SBS 已经基本进入黏流态，对黏度的提升作用小于 60 ℃ 时的效果，但仍有一定的提升效果，且星型 SBS 的提升效果比线型 SBS 的提升效果明显。

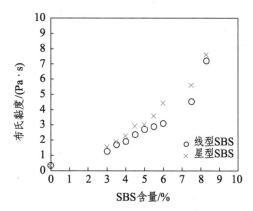

图 2-17　不同 SBS 掺量改性沥青的布氏黏度检测结果（135 ℃）

2.3.5　疲劳寿命

采用时间扫描试验（TS）和线性振幅扫描试验（LAS）对 SBS 改性沥青和其他几种典型改性沥青的疲劳性能进行评价。时间扫描试验采用不同应变水平（5%、10%），试验温度为 25 ℃，结果如图 2-18 和图 2-19 所示。可以看出，SBS 改性沥青，尤其是高掺量的 SBS 改性沥青的疲劳性能非常好，5% 加载应变下模量下降很慢，甚至观察不到破坏。必须将应变提升至 10% 才能计算其疲劳性能（以模量下降 50% 为标准）。

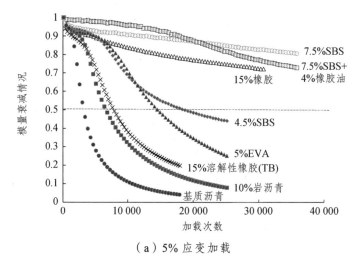

（a）5% 应变加载

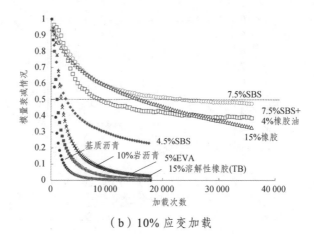

（b）10% 应变加载

图 2-18　不同种类改性沥青的时间扫描试验结果

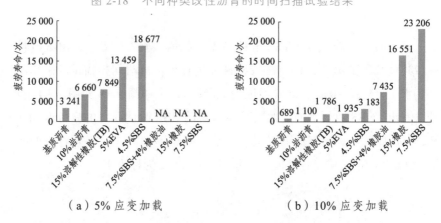

（a）5% 应变加载　　　　　　（b）10% 应变加载

图 2-19　根据 50% 模量下降标准计算获得的改性沥青疲劳寿命

　　采用 LAS 试验对不同种类改性沥青的疲劳性能进行进一步评价，结果如图 2-20 所示。LAS 试验所记录的应力-应变曲线可以从侧面量化沥青的模量。曲线前期上升阶段的斜率与沥青的模量呈正比，可以看出 SBS 改性沥青的模量并不高，甚至低于基质沥青，这与前文的结果是一致的，SBS 改性剂在中低温下会略微降低沥青的模量（LAS 试验在 25 ℃ 下进行）。较低的中低温模量与良好的弹性赋予了 SBS 改性沥青优秀的抗疲劳性能。Chen 等[9]认为 15% 的应变水平与混合料和实际路用疲劳寿命的相关性更

高，因此本节采用了 15% 的应变水平计算 LAS 疲劳寿命，结果显示
7.5% SBS 改性沥青排名第一。

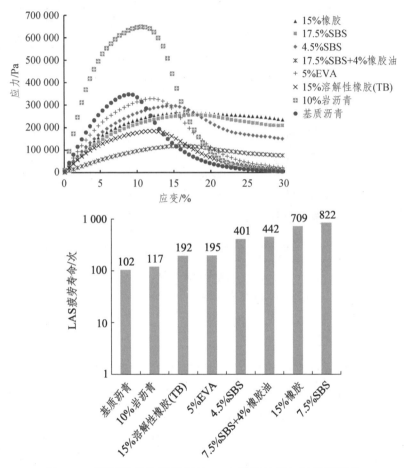

图 2-20　不同种类改性沥青的 LAS 试验结果与计算获得的
疲劳寿命（15% 应变水平）

2.3.6　针入度

不同 SBS 掺量改性沥青的针入度检测结果如图 2-21 所示。随着 SBS
的增加，沥青硬度逐渐提高，针入度持续下降，但下降幅度并不大。SBS
掺量从 0% 增加到 6%，针入度由 60（0.1 mm）下降至 40（0.1 mm）。当

SBS 掺量达到 6% 后,由于聚合物三维网状结构已经逐渐完善,更多的 SBS 改性剂加入对沥青相态结构的影响逐渐减弱,针入度基本保持不变。另外可以看出,不同的 SBS 分子结构（线型、星型）对针入度影响较小。针入度试验在 25 ℃ 下进行,根据温度扫描的检测结果,25 ℃ 下 SBS 改性沥青的模量与基质沥青差距很小,说明此温度下 SBS 对沥青的模量影响不大,因此不同 SBS 掺量的改性沥青针入度差别较小。

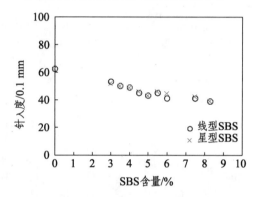

图 2-21　不同 SBS 掺量改性沥青的针入度检测结果

2.3.7　软化点

不同 SBS 掺量改性沥青的软化点检测结果如图 2-22 所示。随着 SBS 掺量提高,软化点逐渐上升,当掺量达到 6% 时,软化点已经超过 100 ℃。星型 SBS 对软化点的提升效果优于线型 SBS。星型 SBS 分子量更大,分子之间的缠绕纠结程度更高,弹性三维网状结构更加强健,宏观上表现为软化点更高。

Kriz 等测试了上百种沥青材料的软化点后提出:各类沥青在各自软化点温度下的车辙因子基本都在 11 500 Pa 左右[10]。还有研究指出不同种类沥青在各自软化点温度的黏度和针入度是基本相同的,分别是 1 200 Pa·s 和 800（0.1 mm）[11]。因此软化点是一种"等黏温度",而针入度则是特定温度下的等效黏度[12]。从这个角度上来讲,针入度、软化点表征的都是沥青的黏度或模量信息,只是测试的温度不同。利用沥青在不同温度下的模量变化规律可以对改性沥青的针入度、软化点变化规律进行解释。

软化点的测试温度较针入度试验的测试温度更高，一般为 70～80 ℃，这个区间内基质沥青已经软化进入黏流态，但 SBS 还未软化，其弹性网络仍然保留着相当的强度，仍然能明显增强沥青的性能。另外，SBS 的弹性网络对软化点小球也有一定的"包裹"和"拉扯"作用，进一步提高了 SBS 改性沥青的软化点。这也是工业生产中主要采用软化点来控制 SBS 改性沥青性能的原因。

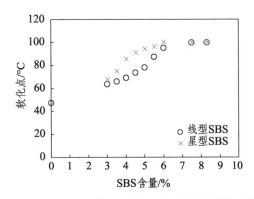

图 2-22　不同 SBS 掺量改性沥青的软化点检测结果

2.3.8　延度和测力延度

5 ℃ 延度的检测结果如图 2-23 所示。SBS 改性沥青的延度明显优于基质沥青的延度（基质沥青在 5 ℃ 的延度为 0），但不同 SBS 掺量对延度的影响并不明确，高 SBS 掺量下延度值出现一定程度的回落，线型 SBS 改性沥青优于星型 SBS 改性沥青。

Mturi 等[13]曾对不同 SBS 掺量的 SBS 改性沥青进行了测力延度测试，结果如图 2-24 所示。可以看出随着 SBS 掺量增加，拉伸过程中样品的内部应力也增大，增大的内部应力可能抵消了 SBS 在低温下的增益效果，因此延度值随 SBS 掺量变化的规律性不强。延度试验的变形量较大，试验结果难以采用在线性黏弹区间测得的模量-温度曲线进行分析。同时也有诸多研究认为延度的经验性较强，与沥青实际低温抗裂性能的相关性较差。

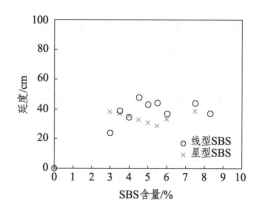

图 2-23　不同 SBS 掺量改性沥青的延度测试结果

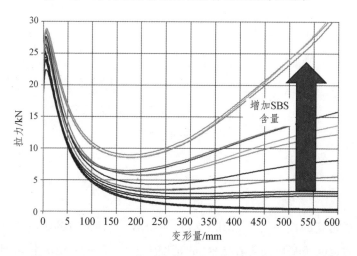

图 2-24　不同 SBS 掺量改性沥青的测力延度测试结果

　　除了伸长值与内部应力不同外，SBS 改性沥青在延度试验中还展示出与基质沥青完全不同的破坏模式。15 ℃下，基质沥青主要展现流动破坏，破坏前变形量很大，并表现出特有的拉丝现象。5 ℃下，基质沥青模量过高，受到拉伸直接发生脆断，断裂面平整且断裂前无明显变形。SBS 改性沥青的主导破坏模式则是韧性破坏（材料屈服之后断裂），并且展现出高分子材料在拉伸过程中特有的"细颈"和"应变硬化"现象。沥青流动破坏、脆性断裂和韧性破坏的外观如图 2-25 所示。

（a）基质沥青流动破坏（15 ℃）

（b）基质沥青脆性破坏（5 ℃）

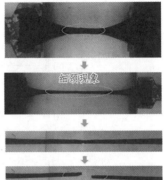

细颈现象

（c）SBS 改性沥青韧性
破坏（5 ℃）

图 2-25　基质沥青与 SBS 改性沥青的不同延度试验破坏模式

在测力延度试验中 SBS 改性沥青拉力的典型变化情况如图 2-26 所示。SBS 改性沥青在拉伸过程中会经历普弹形变、屈服、细颈、断裂 4 个阶段。普弹形变阶段（OA）的拉伸量很小，由基质沥青与 SBS 分子的键长与键角变化所引起，该阶段主要受基质沥青性质影响。当拉力达到峰值点 A 后，样品屈服，试件中间横截面开始减小，出现"细颈"。此时 SBS 分子链在拉力作用下克服沥青分子间摩擦力，沿受力方向强迫滑移，对外表现为变形增加、拉力减小的屈服阶段（AB）。

屈服后，沥青内部无规排列的 SBS 分子链在外部拉力的作用下开始往同一方向取向。取向的 SBS 分子排列整齐，对荷载的抵抗能力更强，因此拉力出现上升。SBS 掺量越高，取向引起的拉力上升越明显，试样进入细颈阶段（BC）。在细颈阶段内，细颈与非细颈部分的横截面积维持不变；细颈的长度不断增加，非细颈部分不断缩短，直至整个试样完全变细然后发生断裂，试验停止。C 点处观察到的第二峰值也常被用于评价 SBS 改性沥青的改性效果。SBS 改性沥青在延度试验过程中的拉伸行为与聚合物拉伸行为非常相近（图 2-27），说明即使不到 10% 掺量的 SBS 也能极大改变沥青的力学特性，使其表现出诸多高分子材料所特有的行为。

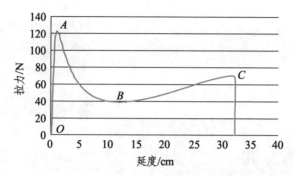

图 2-26　SBS 改性沥青的典型测力延度试验结果

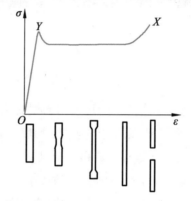

图 2-27　高分子聚合物拉伸过程拉力变化及试样外形变化示意

高黏沥青黏弹特性研究

沥青是一种典型的黏弹材料，近些年针对沥青黏弹特性的研究取得了大量成果，研究者们开发了大量的表征与评价方法。基质沥青是类似于树脂的低分子量聚合物，而 SBS 本质上是一种橡胶，两者的黏弹特性差异明显，因此添加了 SBS 的改性沥青，尤其是高 SBS 掺量的高黏沥青的黏弹特性也与基质沥青明显不同。本章以黏弹性力学中具有代表性的主曲线技巧为主要方法，对 SBS 改性沥青与高黏沥青的黏弹特性进行研究。

3.1 沥青黏弹性概述

3.1.1 黏弹液体与黏弹固体

绝大部分聚合物都表现出明显的黏弹性，其力学特性随温度和荷载的作用时间（频率）发生变化。在高温低频条件下，沥青呈现出液体特性（纯黏性）；而在低温高频条件下，呈现出固体特性（纯弹性）。在常温下，沥青则同时表现出黏性和弹性，即黏弹性。

当材料的应力应变关系与应力的大小无关时，可以通过理想弹性（胡克弹簧）和理想黏性（牛顿黏壶）的组合来描述其力学特性，称其为线性黏弹性。当应力或应变过大时，材料内部结构遭到破坏，所测得的力学特性也会随之发生变化，此时的力学行为被称为非线性黏弹行为。非线性黏弹行为很难准确测试与表征，因此一般将沥青材料的黏弹性研究控制在线性范围内。

线性黏弹材料可以分为黏弹液体材料（行为更偏向液体）和黏弹固体材料（行为更偏向固体）。在蠕变试验中对黏弹材料施加一个恒定荷载时，其应变响应随时间增长可能表现出两种结果：① 线性增加；② 趋于一个稳定值。应变线性增加的材料是黏弹液体材料；应变趋于一个稳定值的材料是黏弹固体材料。一般而言，材料内部分子之间无缠结，网络结构越弱，越倾向于表现黏弹液体特性；材料内部分子缠结程度越高，网络结构越发达，越倾向于表现出黏弹固体特性。基于相同的原因，在松弛实验中，随着时间增长，黏弹液体材料的内部结构可以完全松弛，应力会逐渐趋于 0；而黏弹固体材料内部网络结构发达无法完全松弛，应力会趋于一个固定值。这很好理解：液体（水）基本不会积攒内部应力，而固体（木头、金属）则很容易积攒内部应力。

研究人员常采用动态力学分析研究材料的黏弹性。黏弹液体和黏弹固体的典型动态力学测试结果如图 3-1 所示。高频下，黏弹液体和黏弹固体的复数模量都趋于平台值，即玻璃态模量。低频下，黏弹液体的复数模量则趋近于 0（对数坐标下表现为一条斜率为 - 1 的渐近线），代表材料进入了黏流态；黏弹固体的复数模量则趋近于另一个平台值（高弹态模量），代

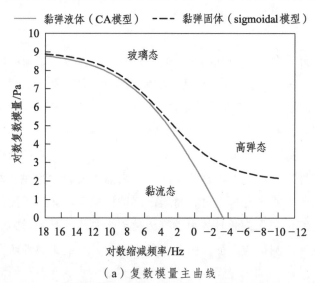

（a）复数模量主曲线

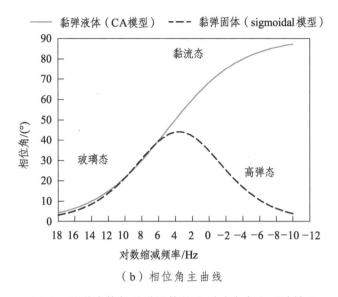

（b）相位角主曲线

图 3-1　黏弹液体与黏弹固体的典型动态力学测试结果

表材料进入了高弹态；整个频率区间内，黏弹液体的模量曲线有一条水平渐近线和一条斜率为 –1 的倾斜渐近线，整体呈现"倒 J"形；黏弹固体的模量曲线有一高一低两条水平渐近线，整体呈现 S 形。

　　相位角方面：高频下黏弹液体和黏弹固体都处于玻璃态，表现纯弹性，相位角趋于 0°。低频下黏弹固体进入高弹态，仍然表现弹性，相位角仍然趋于 0°；黏弹液体则进入黏流态，相位角趋近于 90°。整个频率区间内，黏弹液体的相位角曲线呈现 S 形，黏弹固体的相位角曲线则呈现"钟"形。

　　一般来说，基质沥青在高频下展现玻璃态，低频下展现黏流态，是典型的黏弹液体材料；沥青混合料中有坚硬的石料骨架结构，在高频和低频下都展现明显的弹性，因此是黏弹固体材料。SBS 改性沥青内部具有强健的三维弹性网络，也会导致黏弹固体行为。随着 SBS 掺量的提高，高黏沥青的黏弹固体行为愈发明显。这也是基质沥青适用于 CA 主曲线模型，而沥青混合料和 SBS 改性沥青适用于 sigmoidal 主曲线模型的原因。CA 模型是典型的黏弹液体模型而 sigmoidal 模型是典型的黏弹固体模型。

3.1.2 动态力学分析与 Kronig-Kramers 关系

测试沥青黏弹性的方法总体可以分为静态和动态两大类。研究沥青在恒定应力（应变）作用下行为的试验称为静态试验。研究沥青在周期性变化应力（应变）作用下响应的试验称为动态试验。动态试验与静态试验的典型应力-应变关系如图 3-2 所示。静态试验包括恒定应力加载的蠕变试验/蠕变恢复试验（creep test/creep and recovery test）以及松弛试验（relaxation test）。动态试验或动态力学分析则主要指振荡试验（oscillation test），是对样品施加交变荷载的试验。另外，通过在振荡试验过程中连续均匀地改变温度、频率、应变等变量，还可以衍生出温度扫描、频率扫描、应变扫描等多样化的振荡测试模式。

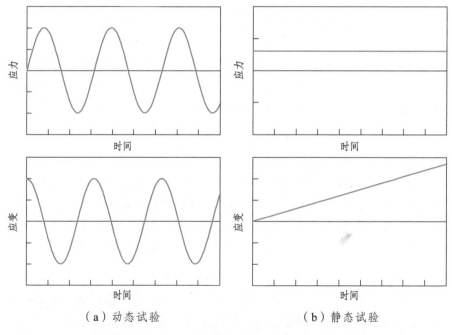

（a）动态试验　　　　　　　　（b）静态试验

图 3-2　动态试验与静态试验的应力-应变关系示意

SHRP 计划研究认为作用于道路上的行车荷载并非静态荷载，而是一直连续不断的反复动态荷载，路面层内某一点的上方有车辆通过时，经历一个从受压—受拉—受压的循环过程，因此可以采用正弦波形式的动态交变荷载来模拟。一般采用动态剪切流变仪 DSR 来施加交变荷载并对沥青材料进行动态力学分析。测试中，DSR 可以获得沥青的储存模量 G'、损耗模量 G''、复数模量 G^* 和相位角 δ 等指标，它们之间的关系如式（3-1）~式（3-3）所示。复数模量和相位角是两个很重要的沥青流变指标，PG 规范中的车辙因子、疲劳因子等性能指标都是根据复数模量和相位角计算获得的。

$$G^* = G' + iG'' \qquad (3\text{-}1)$$

$$\left| G^* \right| = \sqrt{G'^2 + G''^2} \qquad (3\text{-}2)$$

$$\tan\delta = \frac{G''}{G'} \qquad (3\text{-}3)$$

复数模量与相位角可以通过储存模量和损耗模量互相转化，因此它们并不是相互独立的，应满足 Kronig-Kramers 关系。Kronig-Kramers 关系是动态力学分析中一个非常重要的关系，其指出一个复数函数的实部和虚部不是相互独立的，而是相互关联并且可以互相转化的。Kronig-Kramers 关系是分析复数模型的必要条件，在复数模量与相位角之间、存储模量与损失模量之间、存储柔量与损失柔量之间、动态柔量与相位角之间都存在着 Kronig-Kramers 关系。具体地，对于复数模量与相位角而言，其 Kronig-Kramers 关系为

$$\delta = 90 \times \frac{\mathrm{dlg}\left| G^* \right|}{\mathrm{dlg}\omega} \qquad (3\text{-}4)$$

上述公式相当重要，这意味着只要有了复数模量与频率的关系，就可以推导得到相位角与频率的关系。从这个角度来讲，只要有了复数模量主曲线，就可以获得相位角主曲线，事实上也确实如此。

线性动态力学分析测试简单，变异性小，并且具有丰富的理论基础和拟合模型供研究者们参考应用，是目前研究沥青黏弹性的主流方法。但动态交变荷载对交通荷载的模拟效果并不一定是最好的。多重应力蠕变恢复

试验（MSCR）采用非线性黏弹范围内的静态测试（多重蠕变恢复）评价沥青的高温性能，取得了比车辙因子更好的评价效果。未来的沥青流变测试可能会进一步从线性往非线性、从动态振荡试验往静态蠕变恢复试验方向发展。

3.2 主曲线的构造

3.2.1 时温等效原理

沥青等聚合物材料的黏弹特性受到应力（应变）大小、温度、时间共三个因素的影响。若是在线性黏弹性区间内进行研究，则不考虑应力（应变）大小的影响，只需考虑温度和时间两个因素。同时，研究者还发现时间和温度对聚合物力学行为的影响可以通过时温等效原理（Time-temperature superposition principle，TTSP）进行互换：即高温对应较长的时间；低温对应较短时间。这样沥青的线性黏弹特性就可以基于一个变量（温度或时间）来进行讨论。影响沥青黏弹性的因素如图3-3所示。

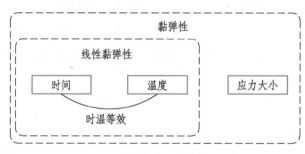

图 3-3　影响沥青黏弹性的因素

时温等效原理有很大的实用意义。利用这种等效关系，可以对不同温度或不同频率下测得的聚合物力学性质进行比较或换算，从而得到一些实际上无法直接测量的结果。例如要研究极低温度下橡胶的应力松弛行为，由于温度太低，应力松弛进行得很慢，可能需要等候几个世纪甚至更长时间，这实际上是不可能的。这时可以利用时温等效原理，在较高温度下测得应力松弛数据，然后根据时温等效原理换算成所需要的低温下的松弛数据。

将不同温度下数据换算得到的数据组合在一起，可以获得一条光滑连续的曲线，即主曲线。主曲线的横坐标是换算后的时间或频率，由于最开始应用主曲线是为了模拟极长的松弛时间，因此换算后的时间往往被称为延长时间（extended time），对应换算后的频率则被称为缩减频率（reduced frequency）。主曲线的纵坐标则是各种流变指标。对于沥青材料而言，一般研究复数模量主曲线和相位角主曲线。

从分子运动的角度来讲，时温等效的本质在于延长时间和提高温度对于分子松弛运动有相同的促进作用（类似的，降低温度和缩短时间对于分子松弛运动都有抑制效果）。同一个力学松弛行为，既可以通过升温促进分子热运动帮助其实现，也可以通过延长松弛时间帮助其实现，因此升高温度与延长时间对分子运动是等效的，对聚合物的黏弹行为的影响也是等效的，这个等效性就是时温等效。

不同温度条件下的等效性可以通过其对应的松弛时间的比值来具体量化，这个比值就是移位因子 a_T，如式（3-5）所示。对于动态试验，一般采用频率高低而非时间长短进行描述，因此也可以采用式（3-6）或式（3-7），利用频率来描述移位因子。注意，上述公式是移位因子的定义而非常规计算方法，移位因子的实测难度很大，一般借助理论模型拟合估算。

$$a_T = \frac{t_T}{t_{T_0}} \tag{3-5}$$

$$a_T = \frac{f_{T_0}}{f_T} \tag{3-6}$$

$$\lg a_T = \lg f_{T_0} - \lg f_T \tag{3-7}$$

式中，T 是需要移位的流变数据实际所处的温度；T_0 是希望将数据移往的温度，即参考温度（reference temperature）；t_T 是 T 所对应的松弛时间；t_{T_0} 是参考温度 T_0 对应的松弛时间；a_T 是将数据由 T 移动至 T_0 所对应的移位因子，温度越高所需的松弛时间越短，因此若 $T > T_0$ ，则 $t_T < t_{T_0}$ ，移位因子 > 1 ，反之亦然；频率域内， f_{T_0} 是参考温度 T_0 对应的频率， f_T 是 T 对应的频率，类似地，若 $T > T_0$ ，则 $f_T > f_{T_0}$ ，移位因子 $\lg a_T < 0$ ，反之亦然。

在不同温度下获得足够多的流变数据后，就可以根据移位因子移位获得主曲线。所谓的移位，就是保持主曲线纵坐标上的实测流变指标不变（如模量、相位角等），根据移位因子将主曲线横坐标上的实测频率换算为缩减频率。换算方式由式（3-7）推导获得，即

$$\lg f_{T_0} = \lg f_T + \lg a_T \tag{3-8}$$

式中， f_{T_0} 是移位后的缩减频率； f_T 是移位前的实测频率； a_T 是实测温度对应的移位因子。

不同温度下流变数据移位过程与最终构造成功的复数模量主曲线如图 3-4 所示。获取不同温度下的实测流变数据和各温度对应的移位因子是构造主曲线的充要条件。流变数据可以通过频率扫描动态振荡试验获得，移位因子则难以实测，需要借助理论模型拟合估算。以图 3-4 为例，图中参考温度 25 ℃ 处的数据不需要移位，因此对应的移位因子 $\lg a_T = 0$ 。其他

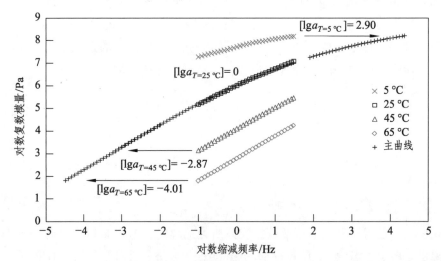

图 3-4　复数模量主曲线与移位过程示意（参考温度 25 ℃）

温度对应的移位因子都需要计算确定，因此需要确定 5 ℃、45 ℃ 和 65 ℃
分别对应的 3 个移位因子。参考温度的选择不会影响流变数据的大小和主
曲线的形状，只会在横坐标上左右平移主曲线，一般选择环境温度 25 ℃
作为参考温度。

3.2.2　移位因子的确定

常见的移位因子确定方法主要有 3 种：WLF 方程、Arrhenius 方程和
基于主曲线模型直接拟合的方法。WLF 方程是由化学家 Williams，Lan bel
和 Ferry 共同提出的，因此称为 WLF 方程。基于 WLF 方程计算的移位因
子 a_T 按式（3-9）计算：

$$\lg a_T = \frac{-C_1(T - T_g)}{C_2 + T - T_g} \tag{3-9}$$

式中，T 为需要移位的流变数据实际所处的温度；T_g 为沥青的玻璃态转化
温度，WLF 方程默认采用 T_g 作为构造主曲线的参考温度，C_1 和 C_2 为拟合
参数，一般可以取 $C_1 = 17.4$，$C_2 = 51.6$。

Arrhenius 方程最先用于描述化学反应速率与温度的关系，基于
Arrhenius 方程计算的 a_T 如下：

$$\ln a_T = \frac{E}{R}\left(\frac{1}{T} - \frac{1}{T_0}\right) \tag{3-10}$$

式中，T_0 是构造主曲线的参考温度；E 是沥青的活化能；R 是摩尔气体常数。

WLF 方程和 Arrhenius 方程都是基于分子热运动假设推导得到的，拥
有较为完善的理论基础。接下来对二者的理论基础进行简要介绍。根据分
子热力学理论，可以证明：

$$a_T = \frac{T_0 \eta_0 \rho_0}{T \eta \rho} \tag{3-11}$$

式中，T_0 是参考温度；T 是实际温度；η 和 η_0 分别是 T 和 T_0 所对应的零剪切
黏度；ρ 和 ρ_0 分别是 T 和 T_0 所对应的密度。对于聚合物来说，近似地认为

$$T_0\rho_0 = T\rho \qquad (3\text{-}12)$$

因此有

$$a_T = \frac{\eta_0}{\eta} \qquad (3\text{-}13)$$

由式（3-13）可知，a_T 可以近似地看成实际温度与参考温度下零剪切黏度的比值。温度越低，黏度越大，分子松弛越难，所需的松弛时间越久，对应的移位因子也越大。但不同温度下的 ZSV 很难实测，因此研究者希望采用理论计算对 ZSV 进行预测。在式（3-13）的基础上，WLF 方程和 Arrhenius 方程采用了 2 种不同的理论来预测不同温度下的 ZSV，从而获得了 2 种不同的 a_T 计算方法。

WLF 方程遵循自由体积线性膨胀假设，认为分子之间没有缠结，其热运动只与自由体积有关。参考 Doolittle 方程，WLF 方程半经验地认为 ZSV 与温度的关系符合以下公式：

$$\ln\eta(T) = \ln A + B\left[\frac{1}{f_g + \alpha(T - T_g)} - 1\right] \qquad (3\text{-}14)$$

式中，A 和 B 是拟合参数；f_g 是玻璃点时的自由体积分数；α 是热膨胀系数。

Arrhenius 方程则参考化学反应速率与温度的关系，认为 ZSV 与温度的关系符合以下公式：

$$\eta(T) = A\mathrm{e}^{\frac{E}{RT}} \qquad (3\text{-}15)$$

式中，T 是温度；A 是拟合参数；E 是活化能；R 是摩尔气体常数。

基于以上 2 种不同的黏度-温度关系便可以获得两种不同的 a_T 计算方法。WLF 方程和 Arrhenius 方程的理论前提都较为严格，WLF 方程要求材料符合自由体积线性膨胀假设，而 Arrhenius 方程则要求材料的活化能在测试温度范围内不发生转变。这 2 种假设对于高分子属性明显的 SBS 改性沥青，尤其是高黏沥青过于苛刻，因此基于 WLF 方程和 Arrhenius 方程获得的 SBS 改性沥青主曲线往往不够平滑。在这种情况下，越来越多的研究人员把注意力放到主曲线模型上，不再利用理论推导移位因子，而是把不同温度下的移位因子当作主曲线模型参数，直接通过最小二乘法参数优化确定。

3.2.3　基于主曲线模型确定移位因子

以常见的 sigmoidal 模型拟合过程为例，sigmoidal 模型包含 α、β、ν、γ 共 4 个参数。假设现有 5 ℃、15 ℃、25 ℃、35 ℃、45 ℃、55 ℃、65 ℃、75 ℃ 共 8 个温度下的试验数据，以 25 ℃ 为参考温度构造基于 sigmoidal 模型的主曲线，则需要确定 4 个模型参数与 7 个移位因子（参考温度对应的移位因子 $\log a_T$ 恒定为 0）。此时将这 11 个待定参数都作为模型参数进行最小二乘法优化。这样往往可以获得比 WLF 方程和 Arrhenius 方程更好的移位效果。

采用主曲线模型与最小二乘法构造主曲线时，可以获得真实和拟合 2 种主曲线。首先，通过最小二乘法确定最优的 7 个移位因子后，可以对各温度下的实测数据进行移位，获得由实测数据构成的真实主曲线；另外也可以将最优的 7 个移位因子与 4 个模型参数代入到主曲线模型中直接计算各缩减频率下的拟合数据，获得拟合主曲线。理论上讲，若使用的模型能准确反映该沥青的线性黏弹特性，则真实和拟合 2 种主曲线应该基本重合。通过对比两条曲线的重合度可判断模型的适用性。一般采用拟合优度（R^2）或均方根误差（RMSE）来量化评价重合度。

图 3-5 为采用 sigmoidal 模型拟合的高黏沥青的模量主曲线和相位角主曲线。可以看到模量主曲线的真实值与拟合值基本重合；但相位角主曲线的真实值与拟合值之间仍存在一定差距。这可能是改性沥青的微观相态不均一导致的。SBS 改性沥青并不是一种均相材料，而是 SBS 颗粒溶胀在沥青中构成的两相材料，且 SBS 掺量越高，溶胀程度越低，两相的分离越明显。由上一章荧光显微观察结果可知，SBS 改性沥青的微观相态分布并不

均匀，这种不均匀性可能导致时温等效失效（TTSP break）或部分失效（TTSP partial break），进而引起相位角主曲线出现分岔、波动等现象，且SBS掺量越高，波动越明显。

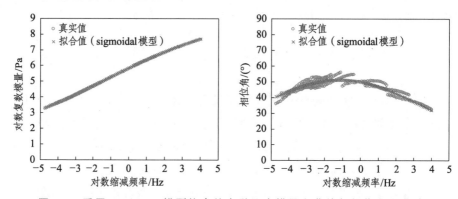

图 3-5　采用 sigmoidal 模型拟合的高黏沥青模量主曲线与相位角主曲线

可能出现时温等效失效的材料被称为热流变复杂材料（thermorheologically complex），反之称为热流变简单材料（thermorheologically simple），采用黑斑图（black diagram）可以对材料的热流变简单/复杂特性进行评判[14]。一般认为基质沥青是热流变简单材料，而改性沥青和高黏沥青则更多表现热流变复杂特性。研究表明，时温等效部分失效对模量主曲线基本没有影响，主要对相位角主曲线会造成一定影响，即分岔、波动等现象[15]。这种情况下，采用主曲线模型可以排除真实相位角主曲线中的波动干扰，更好地描述相位角主曲线的整体变化趋势。

3.3　典型的主曲线数学模型

选择恰当的主曲线模型对于获得准确主曲线非常重要。最早的主曲线模型是由 Van der Poel 在 20 世纪 60 年代提出的诺莫图（Nomogram）[16]。近些年来随着数学研究的进展与计算能力的提高，更多的力学模型以及数学经验模型逐渐成为主流。常见的力学模型有（广义）Maxwell 模型、（广义）Kelvin 模型和 2S2P1D 模型。常见的数学模型有 CA 模型、CAM 模型以及 sigmoidal 模型。力学模型虽有一定的理论基础与物理内涵，但是诸多研究表明当力学模型中的松弛谱较少时拟合效果较差，增加松弛谱数量则会模糊其物理内涵，因此目前的研究主要采用数学主曲线模型，本节将对常用的几种数学模型进行介绍。

3.3.1　黏弹液体模型（CA，CAM，modified CAM）

1. 模型公式

CA 模型（Christensen and Anderson）是由 Christensen 和 Anderson 在 SHRP 计划研究中开发的一种数学模型[17]。研究者在对 8 种 SHRP 计划所使用的典型沥青力学行为进行研究后，提出了适宜于拟合基质沥青的 CA 模型。Marasteanu 和 Anderson[18]在 CA 模型的基础上添加了一个曲线形状参数 m，提出了 CAM 模型。CAM 模型的复数模量拟合公式以及相位角拟合公式分别为

$$\left|G^{*}\right|=\frac{G_{\mathrm{g}}}{\left[1+\left(\dfrac{\omega_{\mathrm{c}}}{\omega}\right)^{k}\right]^{\frac{m}{k}}} \tag{3-16}$$

$$\delta=\frac{90m}{1+\left(\dfrac{\omega_{\mathrm{c}}}{\omega}\right)^{k}} \tag{3-17}$$

式中，G^{*} 为复数模量；δ 为相位角；G_{g} 为低温玻璃态模量；ω 为测试频率；ω_{c} 为耗散模量与存储模量相等时的交叉频率（crossover frequency）；m, k 是曲线形状参数，m 决定了低频下黏流态渐近线的斜率，k 决定了玻璃态模量渐近线（G_{g}）与黏流态渐近线交汇的快慢程度。

CAM 模型与 CA 模型的典型形状如图 3-6 所示。CAM 模型与 CA 模型并没有本质区别。当 $m=1$ 时，CAM 模型即为标准的 CA 模型。增加的这个 m 参数是沥青在低频黏流态的斜率，m 可变代表黏流态的斜率可变，

从而帮助 CAM 模型更好地拟合不同的黏弹特性。但这并没有在根本上解决 CA 模型难以拟合 SBS 改性沥青的问题。

低频下，CAM 模型中的复数模量趋近于玻璃态模量 G_g，相位角趋近于 0°，此时沥青呈完全弹性；高频下，CAM 模型中的复数模量趋近于 0，相位角趋近于 $(90 \times m)°$，若 $m=1$，就表明沥青呈完全黏性。这种变化趋势与基质沥青的黏弹液体行为契合度很高，因此 CA 模型能够很好地拟合基质沥青的力学行为。但是 SBS 改性沥青在低频下展示黏弹固体性质，在主曲线上表现为低频高弹态模量平台区。因此 CAM 模型对改性沥青的拟合效果较差，尤其是无法准确模拟低频（高温）下的黏弹固体行为（高弹态平台区）。

$$G_g = 10^8 \ \mathrm{Pa}, \ \omega_c = 10^5 \ \mathrm{Hz}, \ k = 0.2$$

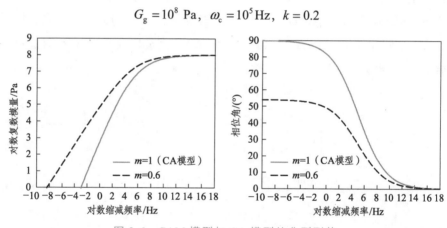

图 3-6　CAM 模型与 CA 模型的典型形状

为了在 CAM 模型的基础上更好地描述改性沥青的高弹态平台区。Zeng 等[19]进一步改进了 CAM 模型，提出了 modified CAM 模型，其表达式如式（3-18）所示。

$$\left| G^* \right| = G_e + \frac{G_g - G_e}{\left[1 + \left(\dfrac{\omega_c}{\omega} \right)^k \right]^{\frac{m}{k}}} \tag{3-18}$$

相较于 CAM 模型，改进的 CAM 模型增加了 G_e 参数。G_e 参数就是模量曲线在高温下的高弹态平台模量。G_e 参数的加入使得改进的 CAM 模型可以描述改性沥青的高弹态平台区，但是改性型 CAM 模型的相位角表达式非常复杂，具体如式（3-19）所示。

$$\delta = 90I - (90I - \delta_m)\left\{1 + \left[\frac{\lg(\omega_d / \omega)}{R}\right]^2\right\}^{m/2} \qquad （3-19）$$

式中，δ_m 是交叉频率处的相位角值；ω_d 是 δ_m 是所对应的频率；R 与 m 是形状参数；I 则是一个判别函数，当频率大于 ω_d 时，$I = 0$；当频率小于 ω_d 时，$I = 1$。

由于涉及判别函数，改进型 CAM 模型的形式较为复杂，因此应用较少。

2．CAM 模型对不同 SBS 掺量（0%、4.5%、7.5%）改性沥青的拟合效果

采用 CAM 模型对不同 SBS 掺量（0%、4.5%、7.5%）改性沥青进行拟合，结果如图 3-7 ~ 图 3-9 所示。拟合准确度采用拟合优度 R^2 表示，附于图中。

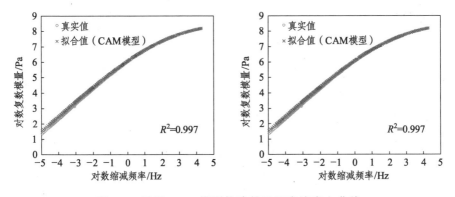

图 3-7　采用 CAM 模型构建基质沥青流变主曲线

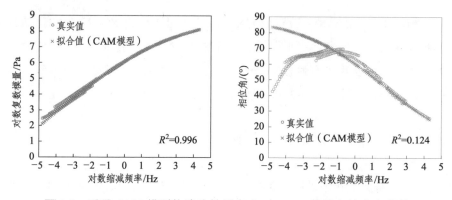

图 3-8 采用 CAM 模型构建改性沥青（4.5%SBS 掺量）流变主曲线

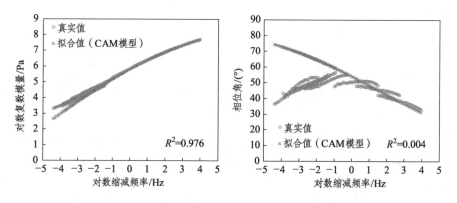

图 3-9 采用 CAM 模型构建改性沥青（7.5%SBS 掺量）流变主曲线

对于基质沥青，CAM 模型的拟合效果很好，模量主曲线与相位角主曲线的拟合优度都在 0.95 以上。但随着 SBS 掺量的升高，CAM 模型的拟合优度明显下降，且相位角主曲线的拟合效果比模量主曲线的更差。SBS 掺量为 4.5% 时，CAM 模型相位角主曲线的拟合优度为 0.124。当 SBS 掺量达到 7.5%，相位角主曲线拟合优度进一步下跌至 0.004。模量主曲线与相位角主曲线拟合度出现较大差异的原因是 SBS 对沥青弹性的提升明显，因此更容易影响弹性相关的指标（相位角等）。CAM 模型可以勉强描述沥青相主导的模量主曲线，但完全无法描述 SBS 相主导的相位角主曲线。这种沥青相与 SBS 相对不同性能指标的主导性将在本书 6.4 节进行更详细的讨论。

另外，无论是对于模量主曲线还是相位角主曲线，拟合失效都集中在低频区。随着 SBS 掺量增加，低频区内模量主曲线的真实值与 CAM 模型拟合值逐渐出现小幅度分岔，而相位角主曲线的真实值与 CAM 模型拟合值则完全背道而驰。低频区展示出的独特差异源自 SBS 所特有的延迟弹性，SBS 的延迟弹性需要在较长的时间或较低的频率才能完全表达，因此 SBS 的特性在低频下更能充分表达，进而主导了低频区主曲线的行为。同样的，这种沥青相与 SBS 相对不同频率范围的主导性将在本书 6.4 节进行更详细的讨论。

3.3.2 黏弹固体模型（sigmoidal）

1．模型公式

美国 NCHRP A-37A 研究小组在 2004 年提出了 MEPDG 设计指南。该指南引入了 sigmoidal 模型用于拟合改性沥青以及沥青混合料的主曲线。随后，Rowe 等[139]在 sigmoidal 模型的基础上增加了一个曲线形状参数 λ，提出了曲线形式更为多样的 generalized sigmoidal 模型。当 generalized sigmoidal 模型中的 $\lambda = 1$ 时，generalized sigmoidal 即为标准 sigmoidal 模型。Generalized sigmoidal 模型的模量拟合公式如式（3-20）所示。

$$\lg\left|G^*\right| = \nu + \frac{\alpha}{[1 + \lambda e^{(\beta + \gamma \lg \omega)}]^{1/\lambda}} \tag{3-20}$$

MEPDG 设计指南在提出 sigmoidal 公式时只提供了复数模量主曲线模型，并没有提供对应的相位角模型。但研究者可以通过 Kramers-Kronig 法则对 sigmoidal 复数模量模型直接求导得到对应的相位角模型[21]。根据法则计算，generalized sigmoidal 模型对应的相位角模型如式（3-21）所示。

$$\delta = 90 \times \frac{\mathrm{dlg}\left|G^*\right|}{\mathrm{dlg}\omega} = -90 \times \alpha\gamma \frac{\mathrm{e}^{(\beta+\gamma\lg\omega)}}{[1+\lambda\mathrm{e}^{(\beta+\gamma\lg\omega)}]^{1/\lambda+1}} \qquad (3\text{-}21)$$

式中，G^* 为复数模量；δ 为相位角；ω 为换算频率；ν 为 $\lg\left|G^*\right|$ 高温渐进模量；α 为 $\lg\left|G^*\right|$ 低温渐进模量（玻璃态模量）与高温渐进模量的差值；β，γ 为模型形状参数；λ 为模型形状参数，决定了上下两个渐进曲线的不对称度，当 $\lambda=1$ 时，即为标准 sigmoidal 模型。

Generalized sigmoidal 模型与 sigmoidal 模型的典型形状如图 3-10 所示。高频下，sigmoidal 模型中的复数模量趋近于玻璃态模量 $\nu+\alpha$，相位角趋近于 0°，此时沥青呈完全弹性，这与 CAM 模型一致。低频下，sigmoidal 模型中的复数模量趋近于渐进模量 ν 而不是 0。这使得 sigmoidal 模型可以模拟 SBS 改性沥青和高黏沥青的黏弹固体行为（高弹态平台区），因此近年来 sigmoidal 模型应用广泛。

$$\alpha = 8, \quad \beta = 1, \quad \gamma = -0.3, \quad \nu = 1$$

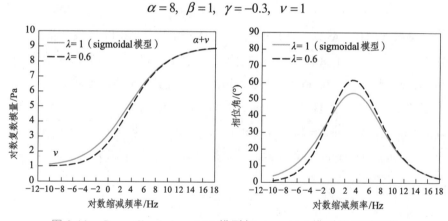

图 3-10　Generalized sigmoidal 模型与 sigmoidal 模型的典型形状

2．sigmoidal 模型对不同 SBS 掺量（0%、4.5%、7.5%）改性沥青的拟合效果

采用 sigmoidal 模型对不同 SBS 掺量（0%、4.5%、7.5%）改性沥青进行拟合，结果如图 3-11 ~ 图 3-13 所示。

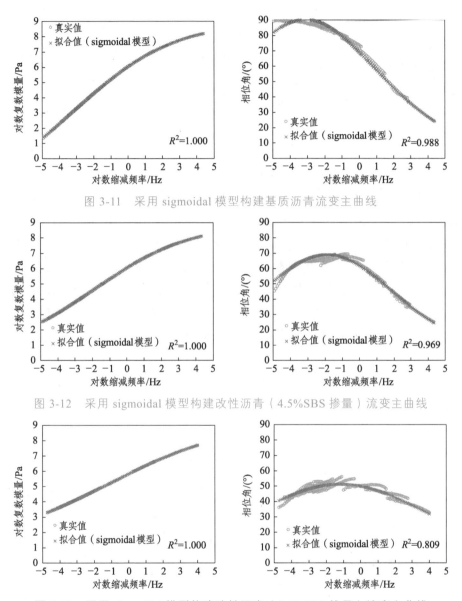

图 3-11　采用 sigmoidal 模型构建基质沥青流变主曲线

图 3-12　采用 sigmoidal 模型构建改性沥青（4.5%SBS 掺量）流变主曲线

图 3-13　采用 sigmoidal 模型构建改性沥青（7.5%SBS 掺量）流变主曲线

可以看出，sigmoidal 模型在不同 SBS 掺量以及不同频率区段下都能对 SBS 改性沥青的模量以及相位角主曲线进行准确拟合，其拟合优度远高于 CAM 模型的拟合优度。从模量主曲线来看，sigmoidal 模型的拟合效果非常好，3 种 SBS 掺量下模量主曲线的拟合优度都为 1.000。相位角主曲线的拟合优度略低于模量主曲线的拟合优度，但仍远优于 CAM 模型的相位角拟合效果。sigmoidal 模型完整展示了改性沥青在低频下的黏弹固体行为。

7.5%SBS 掺量的改性沥青的相位角主曲线拟合优度相对较低（0.809），其相位角真实值主曲线存在诸多分岔与波动，并不是一条连贯顺滑的曲线。这些分岔与波动来源于高 SBS 掺量导致的时温等效部分失效[22, 23]。时温等效原理并不是一直成立的，若材料均匀性较差，或在变温测试过程中发生相态转变（结晶、熔化、玻璃态转变）都可能导致时温等效失效或部分失效。高黏沥青中的 SBS 掺量较高，微观相态分离明显，均匀性较差，因此相位角的分岔和波动较为明显，可以看出掺量更低的 4.5%SBS 改性沥青以及基质沥青便不存在这样的问题，即便如此，仍可以看出 sigmoidal 模型很好地描述了相位角实测值的变化趋势。相较于复数模量，相位角对 SBS 的行为更加敏感，是能够反映改性沥青材料黏弹特性的重要指标，在选取合适模型的基础上，构建相位角主曲线可以有效揭示改性沥青的黏弹特性。

3.3.3　适用于宽温度域条件的 DS 主曲线模型

1. 模型的提出

沥青主曲线研究主要采用的温度范围是 5 ~ 75 ℃。但沥青材料还会面临更为严苛的极端温度环境。沥青在施工过程中会经历 140 ℃ 的高温，在服役过程中则可能经历 - 30 ℃ 的低温，对更宽温度域范围内的沥青黏弹特性进行研究是极有必要的。

Sigmoidal 模型能够较好地描述 SBS 改性沥青在 5 ~ 75 ℃ 范围内的黏弹特性，但可能并不适用于更宽的温度域。这要从沥青的模量-温度扫描结果和力学状态（玻璃态、高弹态、黏流态）说起。时温等效原理指出时间与温度对黏弹特性的影响可以互换，因此模量主曲线的形状应当与模量-温度曲线的形状接近（低频对应高温、高频对应低温）。根据模量-温度曲线的形状可以选择适用于不同温度范围的主曲线模型。为了更好地说明，测试了基质沥青、硫化橡胶沥青和某聚乙烯类高黏沥青的模量-温度扫描曲线（−30～140 ℃），结果如图 3-14 所示。

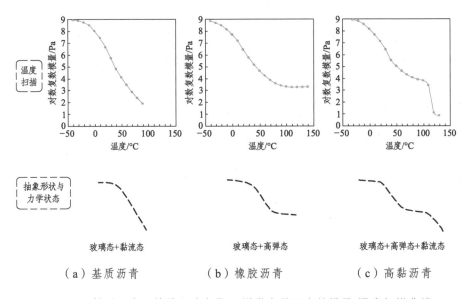

图 3-14　基质沥青、橡胶沥青与聚乙烯类高黏沥青的模量-温度扫描曲线

　　本书 2.1 节提到，基质沥青只包含玻璃态和黏流态，是典型的黏弹液体材料，采用 CAM 模型就可以较好地描述。橡胶中的硫化橡胶粒子不具有热塑性，在高温下也不会熔融，因此橡胶沥青包含玻璃态和高弹态，展现出黏弹固体的特性，适用于 sigmoidal 模型。高黏沥青的模量-温度曲线则在宽温度域范围内发生多次变化：低温下展现玻璃态；中高温下展现高弹态；极高温下（100 ℃ 以上）沥青中的聚乙烯改性剂熔化，材料整体软化，展现黏流态。

　　当测试的温度范围较窄（如 5～75 ℃）时，绝大部分沥青只会表现 3种力学状态中的两个，即"玻璃态 + 黏流态"或"玻璃态 + 高弹态"，此时分别采用 CAM 或者 sigmoidal 模型就足以准确描述。但当测试的温度范围较宽时（如本节采用的 – 30 ~ 140 ℃），改性沥青可能会同时表现出 3 种力学状态，CAM 模型或 sigmoidal 模型这种只能同时描述两种状态的模型便失效了。

为了准确描述高黏沥青在宽温度域条件下的黏弹特性，本书提出了 DS（Double sigmoidal）主曲线模型。DS 模型的构造思路很简单，是两个 sigmoidal 模型在频率域上的简单叠加。DS 模型的模量与相位角数学表达式为

$$\lg\left|G^*\right| = \left[\nu_1 + \frac{\alpha_1}{1+e^{(\beta_1+\gamma_1\lg\omega)}}\right] + \left[\nu_2 + \frac{\alpha_2}{1+e^{(\beta_2+\gamma_2\lg\omega)}}\right] \quad (3\text{-}22)$$

$$\delta = 90\times\frac{d\lg\left|G^*\right|}{d\lg\omega} = \left\{-90\times\alpha_1\gamma_1\frac{e^{(\beta_1+\gamma_1\lg\omega)}}{[1+e^{(\beta_1+\gamma_1\lg\omega)}]^2}\right\} +$$

$$\left\{-90\times\alpha_2\gamma_2\frac{e^{(\beta_2+\gamma_2\lg\omega)}}{[1+e^{(\beta_2+\gamma_2\lg\omega)}]^2}\right\} \quad (3\text{-}23)$$

DS 模型曲线总共有 2 组共 8 个参数，参数的下标 1、2 分别对应一个 sigmoidal 模型，参数含义与 sigmoidal 模型一致。由于参数含义与 sigmoidal 模型一致，只是数量翻倍，因此 DS 模型的拟合过程较为简单，与标准 sigmoidal 模型一致。DS 模型的 Excel 拟合模板可以在西南交通大学教师主页中笔者的个人主页下载。

通过两个 sigmoidal 模型的叠加，DS 模型可以模拟多达 4 个模量平台区（每个 sigmoidal 模型曲线各 2 个）与 2 个模量下降曲线，从而实现对各类复杂黏弹行为的拟合。典型 DS 模型曲线的形状如图 3-15 所示。由图可知，DS 模型可以同时描述玻璃态、高弹态和黏流态的不同组合。这是 CA 模型、CAM 模型、sigmoidal 模型所无法完成的。

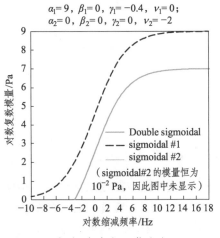

（a）玻璃态 + 黏流态

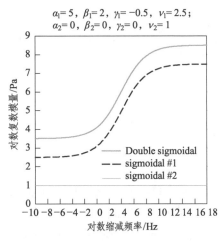

（b）玻璃态 + 高弹态

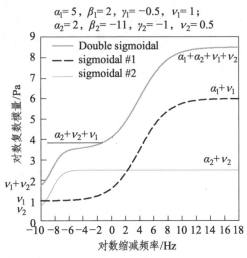

（c）玻璃态 + 高弹态 + 黏流态

图 3-15　DS 模型的模量主曲线典型形状

　　需要指出的是，Asgharzadeh 等[24]也提出过类似的 DL（Double logistic）模型，但 DL 模型仅提供了相位角表达式，并未利用 Kramers-Kronig 法则考虑相位角与复数模量之间的联系。此外，DL 模型的表达式十分烦琐，因此应用并不广泛。DL 模型的表达式如下：

$$\delta = \delta_P - \delta_P \cdot H(f_r - f_P) \cdot \left\{ 1 - e^{-S_R \left[\lg\left(\frac{f_r}{f_P}\right)\right]^2} \right\} +$$

$$\delta_L \cdot H(f_P - f_r) \cdot \left\{ 1 - e^{-S_L \cdot \left[\lg\left(\frac{f_P}{f_r}\right)\right]^2} \right\} \qquad (3\text{-}24)$$

2．CAM 模型、sigmoidal 模型、DS 模型在宽温度域内的拟合效果对比

本节对比了 CAM 模型、sigmoidal 模型、DS 模型在宽温度域内对不同沥青的拟合效果。测试的温度范围为 – 40 ~ 140 ℃。模量主曲线的拟合结果如图 3-16 所示（详图请扫二维码）。可以看出 CAM 模型只能拟合基质沥青，sigmoidal 模型可以拟合基质沥青和橡胶沥青，但只有 DS 模型可以准确拟合 3 种沥青，且 DS 模型对高黏沥青的玻璃态、高弹态和黏流态都进行了准确的描述。

图 3-16 详图

相位角主曲线的拟合结果如图 3-17 所示（详图请扫二维码）。类似的，CAM 模型只能拟合基质沥青，sigmoidal 模型可以拟合基质沥青和橡胶沥青，但只有 DS 模型可以准确拟合 3 种沥青，且 DS 模型对高黏沥青的玻璃态、高弹态和黏流态进行了准确的描述。另外可以看出，相位角主曲线的变化幅度远大于模量主曲线，说明相位角主曲线能够提供更多的黏弹特性信息。

图 3-17 详图

高频下，样品几乎没有时间松弛，因此三种沥青的相位角都接近 0°，表现出相同的玻璃态纯弹性行为。随着频率的降低，基质沥青的相位角单调增大，逐渐接近 90°，表现出纯黏性行为。橡胶沥青和高黏沥青的相位角则在 $10^{-2} \sim 10^4$ Hz 范围内随频率减小而逐渐降低。这是因为此时 2 种沥青已经进入了高弹状态，表现出类似橡胶的高弹性。研究认为这种现象是沥青相的黏度在低频（高温）下降得足够低，使得 SBS 弹性网络的行为占据了主导地位[25]。随着频率继续下降（温度继续升高），高黏沥青中的改性剂也开始软化，沥青整体从高弹态进入黏流态，相位角又开始上升（$10^{-5} \sim 10^{-2}$ Hz）。

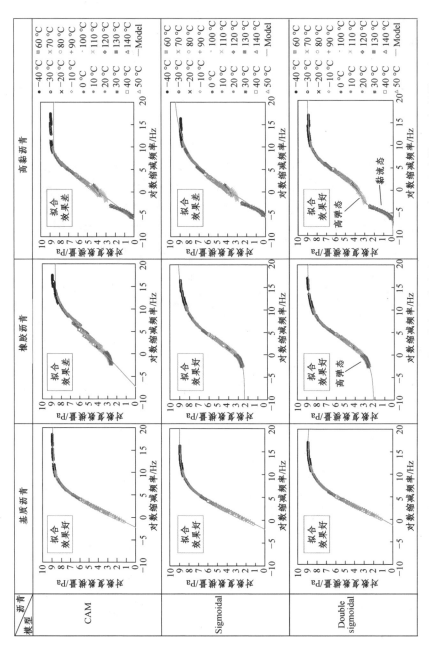

图 3-16 CAM 模型、sigmoidal 模型、DS 模型在宽温度域内对不同沥青的拟合效果（复数模量）

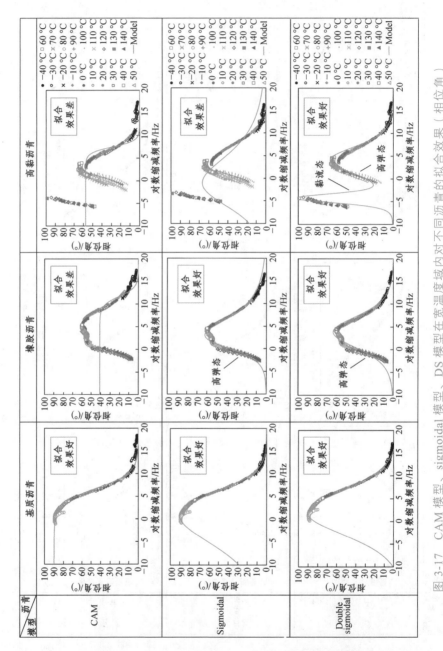

图 3-17 CAM 模型、sigmoidal 模型、DS 模型在宽温度域内对不同沥青的拟合效果（相位角）

需要特别指出的是，10^{-5} Hz 后相位角的下降趋势是仪器惯性矩（instrumental inertia）引起的误差，并非材料本身的行为。在对模量很小的样品（或极高温条件下）进行动态力学测试时，仪器容易将设备夹具的惯性误判为材料的弹性，从而高估材料的弹性，得出偏低的相位角。这种误差被称为惯性矩误差，是动态力学测试特有的误差[26]。定期对仪器进行惯量校正、采用轻质夹具或者提高加载应变（提高信噪比）可以缓解惯性矩误差，但难以完全消除。无论是否测到惯性矩行为，DS 模型都能顺利地拟合，因此本节不对惯性矩的影响进行详细讨论。

3．基于 DS 模型评价典型改性沥青

采用 DS 模型对其他几种比较有代表性的改性沥青进行拟合（EVA 改性沥青、3%SBS 改性沥青、7%SBS 改性沥青、7%SBS+3%Sasobit 改性沥青），模量主曲线结果如图 3-18 所示。从 DS 模型拟合结果可以看出并不是所有改性沥青都有明显的高弹态。EVA 改性沥青和 3%SBS 改性沥青的高弹态并不明显，但随着 SBS 掺量提高，7%SBS 改性沥青的高弹态逐渐变得可以被观测到。向 7%SBS 改性沥青中添加 3%Sasobit 后，高弹态平台变得更明显了一些，这是因为 Sasobit 在 100 ℃ 左右有熔化的行为，沥青模量会迅速下降，因此 7%SBS + 3%Sasobit 改性沥青的高弹态—黏流态转变会更明显一些。但总的来说，图 3-18 对比的几种改性沥青的模量主曲线差别并不是特别显著，说明模量主曲线能够提供的信息有限。

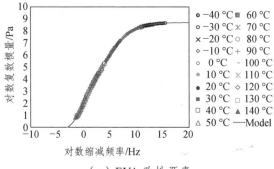

（a）EVA 改性沥青

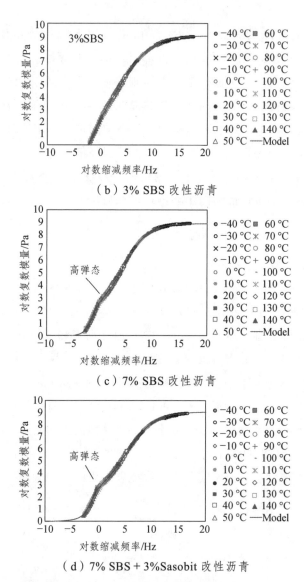

（b）3% SBS 改性沥青

（c）7% SBS 改性沥青

（d）7% SBS＋3%Sasobit 改性沥青

图 3-18　几种典型改性沥青的模量主曲线拟合结果（DS 模型）

　　基于 DS 模型构建了相位角主曲线，结果如图 3-19 所示。显然，相位角主曲线的差异比模量主曲线大得多，能提供更多的信息。EVA 改性沥青和 3%SBS 改性沥青在 10^{-3} Hz 处展示出一个较小的相位角平台区（phase

angle plateau），这表明它们具有一定的弹性网络结构。7%SBS 改性沥青和
7%SBS +3%Sasobit 改性沥青则在 $10^{-2} \sim 10^5$ Hz 频率范围内展现出一个相
位角随频率先下降后增大的凹谷，这种现象归因于沥青相的黏度在低频
（高温）下降得足够低，使得改性剂弹性网络的行为占据了主导地位[25]。
随着频率继续下降（温度继续升高），改性剂也开始软化，沥青整体从高弹
态进入黏流态，相位角又开始上升。相位角凹谷的存在表明这两种改性沥
青具有更强的弹性网络结构，且改性沥青随着频率下降（温度升高）经历
了高弹态—黏流态过渡（相位角先下降后上升）。

基于 DS 模型描述的相位角凹谷可以获得一个相位角极小值指标，对
应改性沥青在高弹态—黏流态转变时表现出的最小黏弹比例。高弹态—黏
流态转变时沥青相较低，高分子弹性网络占据主导，此时所测到的相位角

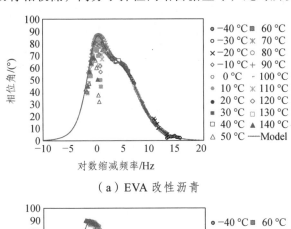

（a）EVA 改性沥青

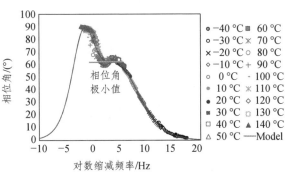

（b）3% SBS 改性沥青

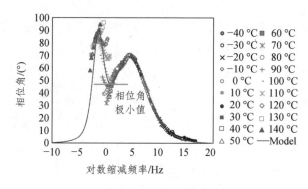

（c）7% SBS 改性沥青

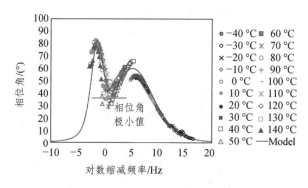

（d）7% SBS＋3%Sasobit 改性沥青

图 3-19　几种典型改性沥青的相位角主曲线拟合结果（DS 模型）

极小值越小，表明沥青中弹性网络的弹性越强，改性效果越明显。可以看出 7%SBS 改性沥青的相位角极小值低于 3%SBS 改性沥青。EVA 改性沥青的弹性网络强度低，其相位角被沥青的软化作用主导，因此随频率降低，其相位角一直增大，根本观测不到极小值。

　　从某种程度上来讲，相位角极小值量化了弹性网络的强度，不难猜想其与沥青的弹性恢复率有一定的相关性。采用 MSCR 试验检测了 64 ℃下不同种类改性沥青的弹性恢复率 $R_{3.2}$。$R_{3.2}$ 与相位角极小值的相关性分析，如图 3-20 所示。可以看出沥青的相位角极小值与 $R_{3.2}$ 存在明显的相关性，说明相位角极小值指标可以量化改性沥青中的弹性网络强度。

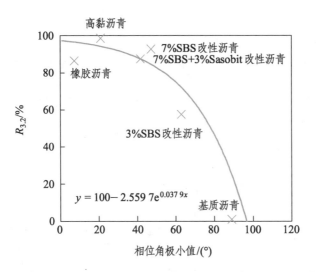

图 3-20 基于 DS 模型获得的相位角极小值与弹性恢复率 $R_{3.2}$ 的相关性（64 ℃）

3.3.4 针对不同温度区间的主曲线模型选择

CAM 模型、sigmoidal 模型、DS 模型都是唯象模型，只要与主曲线的实际形状匹配，就能取得较好的拟合效果。主曲线的实际走向则与所测试的温度范围息息相关，因此需要根据测试的温度范围来挑选适宜的主曲线。

对高黏沥青进行不同温度范围的测试并构造主曲线，结果如图 3-21 所示。可以看出在 – 40 ~ 40 ℃ 范围内，高黏沥青还未展示出高弹态，因此 CAM 模型就能很好地拟合。– 40 ~ 80 ℃ 范围内，高黏沥青开始展现出高弹态与对应的模量平台区，因此采用 sigmoidal 模型取得了较好的效果。但在 – 40 ~ 140 ℃ 范围内，高黏沥青同时展示出玻璃态、高弹态和黏流态，此时就必须采用 DS 模型才能取得较好的效果。

基于测试温度范围和主曲线形状的主曲线模型选择推荐如图 3-22 所示。在较窄的温度范围内，CAM 模型与 sigmoidal 模型也能取得良好的效果，但随着测试温度域的扩大（缩减频率的扩大），特别是往高温（低频）方向延展时，沥青开始展现出黏流态，就需要采用 DS 模型。

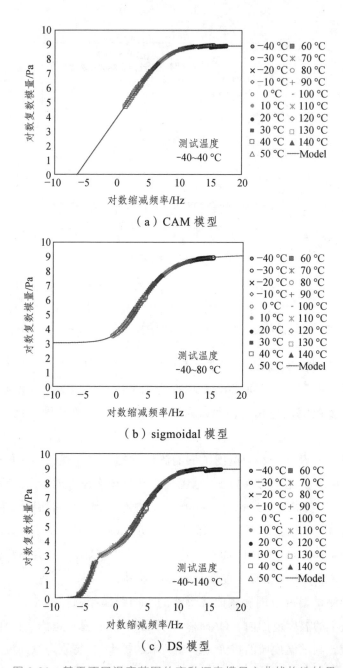

（a）CAM 模型

（b）sigmoidal 模型

（c）DS 模型

图 3-21 基于不同温度范围的高黏沥青模量主曲线构造结果

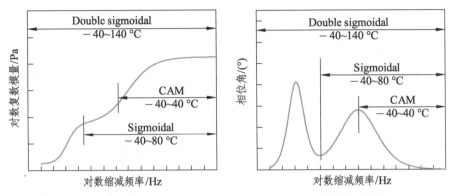

图 3-22　基于测试温度范围和主曲线形状的主曲线模型推荐

3.4　主曲线的应用

本节主要介绍主曲线应用于 SBS 改性沥青和高黏沥青的一些具体案例。由于本节采用传统的 5 ~ 75 ℃ 温度测试范围，观测不到 SBS 改性沥青的黏流态，因此按照上节推荐采用的 sigmoidal 模型建立主曲线。

3.4.1　不同 SBS 掺量

不同 SBS 掺量（0% ~ 9%）改性沥青的模量主曲线如图 3-23 所示。

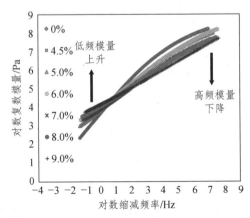

图 3-23　不同 SBS 掺量改性沥青复数模量主曲线

由于测试的温度区间较窄，沥青处在玻璃态和高弹态之间，因此没有观测到明显的玻璃态平台和高弹态平台，更无法观测到黏流态。但可以看出，随着 SBS 掺量提升，SBS 改性沥青的低频模量逐渐升高，高频模量逐渐下降，模量主曲线逐渐趋于水平，说明掺入 SBS 降低了沥青的温度敏感性，同时提升了沥青的高温抗车辙性能和低温抗裂性能。

SBS 掺量变化对相位角主曲线的影响如图 3-24 所示。可以看出 SBS 掺量对改性沥青相位角主曲线的影响非常明显。随着 SBS 掺量提升，相位角主曲线在高频（低温）区逐渐上升，低频（高温）区逐渐下降，同时保证了高、低温路用性能，是极为优秀的路用材料。由于 SBS 能有效提升沥青的延迟弹性，因此低频区的相位角主曲线对于 SBS 掺量的变化更加敏感，很适用于 SBS 改性沥青的黏弹特性分析。当测试温度范围大到足以观测到完整的高弹态平台区时，SBS 的改性效果会更明显。

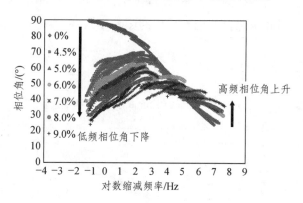

图 3-24　不同 SBS 掺量改性沥青的相位角主曲线

另外可以看出，与顺滑的模量主曲线不同，相位角主曲线中出现了很多不规则的错位与波动。这些错位都发生在不同温度的数据系列之间，且 SBS 掺量越高，错位和波动越明显。正如前文所言，高 SBS 掺量使得改性沥青的微观相态不均匀，进而导致时温等效部分失效，最终引起了相位角主曲线的错位和波动。

3.4.2 不同老化程度

不同老化程度基质沥青的模量主曲线如图 3-25 所示，相位角主曲线如图 3-26 所示。老化使得沥青相氧化硬化，随着老化程度加深，基质沥青的模量主曲线逐渐上升，相位角主曲线逐渐下降，表明沥青逐渐变硬、变弹，高温抗变形能力得到提升，但低温下逐渐变脆，抗裂性能下降。改性沥青及高黏沥青的老化过程是由沥青相氧化硬化和 SBS 相氧化降解两种行为共同组成的。沥青相氧化硬化使得沥青变硬、变弹，SBS 相氧化降解使得沥青变软、变黏。两种行为同时发生但作用相反，因此改性沥青和高黏沥青老化前后的主曲线变化情况较为复杂，本书将在 6.4 节进行更加详细的讨论。

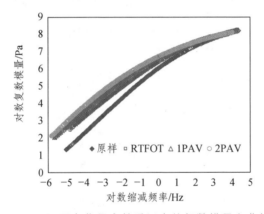

图 3-25　不同老化程度基质沥青的复数模量主曲线

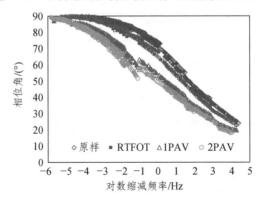

图 3-26　不同老化程度基质沥青的相位角主曲线

3.4.3 不同硫黄掺量

制备 SBS 改性沥青时往往需要添加硫黄作为稳定剂。常见的硫黄掺量为 0.1%～0.3%。不同硫黄掺量 SBS 改性沥青的模量主曲线如图 3-27 所示。

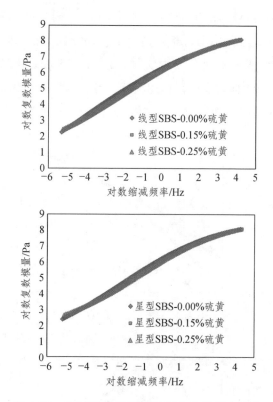

图 3-27 不同硫黄掺量改性沥青的模量主曲线

硫黄的加入没有对模量主曲线造成明显影响，只是在低频区域略微提升模量，表明硫黄能略微提升沥青的高温模量，对沥青的高温性能有一定的裨益。在高频区域，不同硫黄掺量改性沥青的模量主曲线几乎重合，说明硫黄对沥青低温模量的影响不大。图 3-28 展示了不同硫黄掺量对改性沥青相位角主曲线的影响。

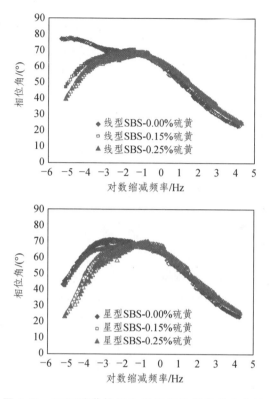

图 3-28　不同硫黄掺量改性沥青的相位角主曲线

　　硫黄作为一种化学交联剂，可以与 SBS 改性剂中的聚丁二烯链发生化学反应，通过聚硫键将原本自由分散的链结合起来，从而增强改性沥青中的聚合物三维网络，增强其弹性，降低其相位角。硫黄掺量越高，改性沥青中聚合物交联程度越高，低频区下相位角下降越明显，说明对弹性的提升越大。另外在不掺加硫黄的情况下，线型 SBS 改性沥青的低频区相位角远高于星型 SBS 改性沥青的低频区相位角。这主要是因为线型 SBS 分子自身分子量小，在没有化学交联剂的帮助下难以形成强健的弹性网状结构；另一方面，星型 SBS 分子分子量大且结构复杂，自发交联程度高，无需额外的化学交联剂也可以展现出较强的弹性。此外，还可以看出硫黄掺量变化对高频区相位角影响较小。这是因为高频区黏弹特性主要由沥青相决定，硫黄虽然也会与沥青中的特定官能团发生反应，但是其程度远远低于与 SBS 发生反应的程度，因此硫黄的加入并不会明显影响沥青相的黏弹比例。

3.4.4　复数黏度主曲线

复数黏度也是动态力学分析中的一个常用指标。基于复数黏度，可以利用 Cox-merz 关系预测静态测试中的表观黏度。Cox-merz 关系如下：

$$|\eta^*(\omega)| = \eta(\dot{\gamma}) \qquad\qquad (3\text{-}25)$$

式中，$\eta^*(\omega)$ 是角频率为 ω 时测得的复数黏度；$\eta(\dot{\gamma})$ 是剪切速率为 $\dot{\gamma}$ 时测得的表观黏度。

Cox-merz 关系是聚合物领域的著名经验公式，它建立了动态测试黏度与静态测试黏度之间的等效性。Cox-merz 关系认为当 ω 与 $\dot{\gamma}$ 在数值上相等时，复数黏度与表观黏度也在数值上相等。因此可以采用测试方法相对简单的动态复数黏度来预测测试相对麻烦的静态表观黏度，从而对沥青的流动行为进行研究。η^* 的测试较为简单。根据动态力学测试原理，η^* 可以直接通过 G^* 计算获得：

$$|\eta^*| = \frac{|G^*|}{\omega} \qquad\qquad (3\text{-}26)$$

式中，η^* 是复数黏度；ω 是测试角频率，$\omega = 2\pi f$，f 是动态力学测试中的频率。

根据不同频率下的 G^* 计算得到对应的 η^* 后，就可以预测不同剪切速率下的表观黏度了。此外，还可以依据时温等效原理构造 η^* 主曲线来进一步扩大所研究的角频率（剪切速率）范围。

理论上来讲，有两种方法可以获得 η^* 主曲线。

方法一：移动各温度下的 η^* 获得 η^* 主曲线。

根据式（3-26），有

$$\lg |\eta^*_{\text{shifted}}| = \lg |G^*_{\text{shifted}}| - \lg \omega_{\text{reduced}} \qquad (3\text{-}27)$$

式中，下标 shifted 表示移位，下标 reduced 表示缩减。

根据时温等效原理，有

$$\omega_{\text{reduced}} = \omega_{\text{measured}} \cdot \alpha_T \qquad (3\text{-}28)$$

式中，下标 measured 表示在不同温度下的实测数据；α_T 为不同温度对应的移位因子。

因为移位前后 G^* 的数值大小不会发生变化，只是对应的频率发生变化，因此有

$$\lg |G^*_{\text{shifted}}| = \lg |G^*_{\text{measured}}| \qquad (3\text{-}29)$$

结合式（3-29）与式（3-27），有

$$\lg |\eta^*_{\text{shifted}}| = \lg |G^*_{\text{measured}}| - \lg \omega_{\text{measured}} - \lg \alpha_T \qquad (3\text{-}30)$$

$$\lg |\eta^*_{\text{shifted}}| = \lg |\eta^*_{\text{measured}}| - \lg \alpha_T \qquad (3\text{-}31)$$

由式（3-31）可知，在对 η^* 进行移位时，不仅要根据移位因子在 x 轴上进行横向移动，还要在 y 轴上进行纵向移动才能获得连续的 η^* 主曲线。

方法二：由 G^* 主曲线获得 η^* 主曲线。

把 G^* 主曲线看作参考温度下某连续频率扫描测试的结果，根据式（3-26），直接将 G^* 主曲线转换为 η^* 主曲线。这种方法便捷迅速，也更容易理解。

$$|\eta^*_{\text{master curve}}| = \frac{|G^*_{\text{master curve}}|}{\omega_{\text{reduced}}} \qquad (3\text{-}32)$$

以上两种方法的流程如图 3-29 所示。

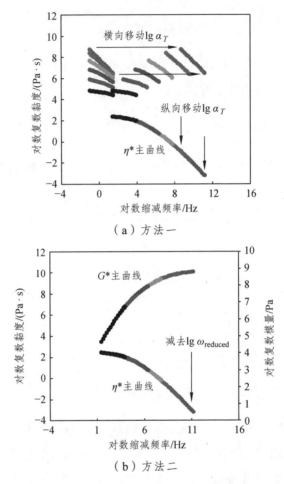

（a）方法一

（b）方法二

图 3-29　获得 η^* 主曲线的两种方法

　　根据方法二构造了基质沥青、4.2%SBS 改性沥青和高黏沥青的 η^* 主曲线，并在 60 ℃下测试了不同剪切速率下的表观黏度 η。η^* 主曲线与实测 η 的对比如图 3-30 所示。可以看出对于基质沥青来说，Cox-merz 关系是成立的，η^* 与实测 η 的曲线重合得很好。但随着 SBS 掺量的提升，两条曲线开始分岔，表明 Cox-merz 关系并不完全适用于改性沥青。这与 SBS 改性沥青的非牛顿特性以及在高温下的高弹态—黏流态转变有关。

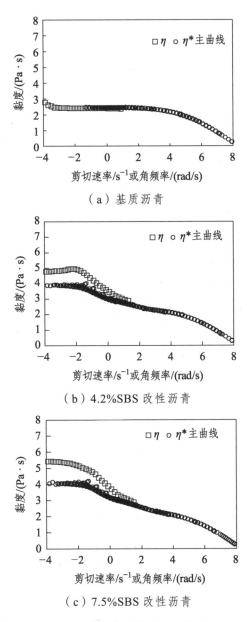

（a）基质沥青

（b）4.2%SBS 改性沥青

（c）7.5%SBS 改性沥青

图 3-30　η^* 主曲线与实测 η 的对比

3.5 主曲线与温度扫描的对比思考

主曲线最早应用于橡胶、塑料等聚合物领域，构建主曲线的核心目的是观测聚合物材料在固定温度下，面对动辄以年为单位的长时间（低频率）荷载作用的力学响应。这是因为橡胶、塑料产品往往在温度稳定的环境下受到长时间的荷载作用，缓慢发生蠕变变形，最终破坏。例如建筑物上使用的工程塑料支撑构件在长时间受压后逐渐扭曲变形，最终导致承载能力丧失。但这种变形往往持续数年时间，很难模拟观测。为了在实验室短时间内预测聚合物材料在长时间服役过程中的表现，才采用了以高温模拟极长作用时间的技巧。这也是主曲线中的频率被称为缩减频率（reduced frequency）的原因，因为缩减作用频率的效果等同于延长作用时间。

但是对于沥青材料，这一思路是否合理呢？沥青材料面对的主要荷载不是稳定且持续时间极长的自重荷载或恒定外部荷载，而是时间短、频率快的动态交通荷载。同时，由于道路上交通流的平均车速相对稳定，沥青材料面临的交通荷载频率也是相对稳定的。SHRP 的 PG 分级试验只采用 10 rad/s 这一种加载频率，因为这一频率较好地对应了路面上的常见车速（60 km/h）。10 rad/s 是一个比较适中的加载频率，既不大也不小，说明沥青路面面临的加载频率并无极端可言。诚然沥青路面也会碰到交叉口、堵车等交通荷载作用时间较长（频率较低）的情况，但这些并不是典型工况，极高频率的交通荷载在沥青路面上更是少见。

事实上，沥青材料面临的荷载频率相对恒定，多变的环境温度才是影响沥青材料路用性能的核心问题。沥青在施工过程中可能经历 140 ℃ 的高温，在服役过程中则可能经历 – 30 ℃ 的低温。极端的温度变化会对沥青性能造成巨大影响，因此才需要在不同温度下设置专门的性能评价指标（5 ℃ 延度、25 ℃ 针入度、60 ℃ 动力黏度等）。相较于沥青材料在不同频率下的表现，业界可能更关心沥青材料在不同温度下的表现。通过时温等效原理，主曲线将温度对沥青性能的影响转化为频率的影响，反而使得原本清晰的结论变得模糊。在沥青主曲线中采用低频来讨论高温对沥青性能的影响,是否本末倒置,多此一举呢?为什么不直接使用温度扫描试验呢?

聚合物材料领域的研究人员很早就开始采用温度扫描试验来检测材料的力学性能温度敏感性。通过记录不同温度下的模量,可以直观地掌握材料在不同温度下的力学性能,从而对材料进行升级改造。SHRP 的高温 PG 分级试验就是非常典型的温度扫描试验,在工程应用中也取得了较好的效果。笔者在研究过程中总结了主曲线和温度扫描两种研究方法的主要区别,归纳如表 3-1 所示。表中"√"越多代表该方法越好,两种方法在不同的侧重点上各有优势。

表 3-1　主曲线与温度扫描的主要区别

侧重点	主曲线	温度扫描
获取原始数据的难易度	√√ 正常,在不同温度下进行频率扫描试验以获得原始数据。与温度扫描相比,由于提高了测试频率的密度(频率扫描),可以视情况减少测试温度的密度	√√ 正常,在不同温度下进行单一频率的振荡试验以获得原始数据。与主曲线相比,由于降低了测试频率的密度(单一频率),需要视情况提高测试温度的密度
构造曲线的难易度	√ 较差,主曲线的构造是一个相对主观的过程,需要考虑主曲线模型、移位因子确定方法、最小二乘法优化的目标函数、时温等效是否失效等诸多因素	√√√ 较好,不需要构造曲线,原始数据即为最终结果
数据的再现性	√ 较差,构造曲线过程中需要主观地确定诸多因素,不同研究人员获得的主曲线往往存在差异	√√√ 较好,不需要构造曲线,因此不同研究人员获得的结果基本一致
理论分析工具	√√√ 较好,具有丰富的研究基础和大量的数学、力学模型供研究人员选用	√ 较差,少有针对沥青模量-温度曲线或相位角-温度曲线直接建模的理论研究
对工程应用的指导	√ 较差,横坐标是频率,难以快速对应沥青路面实际工况,相关研究也少见基于主曲线的沥青材料性能指标	√√√ 较好,横坐标是温度,使得温度对沥青性能的影响一目了然,相关研究基于温度扫描试验提出了大量的性能指标
综合评分	8√	12√

　　根据表 3-1 可以看出主曲线方法的主要优势在于其丰富的模型与理论分析工具，其缺点在于构造复杂、再现性差，难以直接指导工程应用。温度扫描方法使用简单，再现性好，可以直接指导工程应用，但在理论分析工具上仍有欠缺。模型的缺乏导致温度扫描测试结果离散化，难以进行更为深入的量化分析与特征挖掘。针对这个问题，笔者曾提出了一种动力学模型用于直接描述温度与沥青复数模量之间的关系，取得了一定的效果[27]，动力学模型的典型拟合效果如图 3-31 所示。但动力学模型的拟合过程较为复杂（图 3-32），还需要在未来的研究中进一步提升简化。在进一步完善理论分析工具的基础上，笔者认为温度扫描试验能够在沥青材料，特别是改性沥青材料的评价研究工作中获得更多的应用。

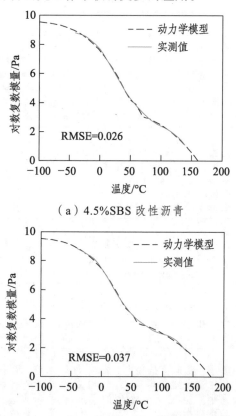

（a）4.5%SBS 改性沥青

（b）7.5%SBS 改性沥青

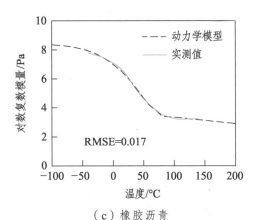

（c）橡胶沥青

图 3-31　沥青复数模量动力学模型拟合效果

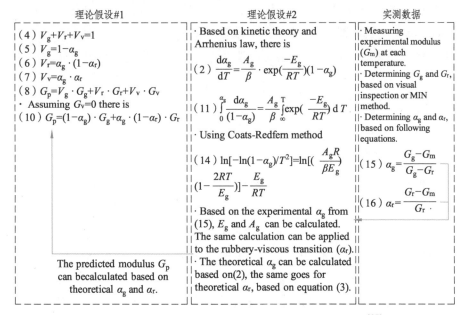

图 3-32　沥青温度-模量动力学模型的拟合流程示意[27]

高黏沥青的弹性研究

本书第 3 章主要在线性黏弹性范畴内对 SBS 的改性效果进行讨论，通过不同温度和频率区间内的模量和相位角的变化阐释 SBS 对沥青各方面性能的改善效果。但 SBS 作为一种橡胶，具有非常独特的高弹性（high elasticity），且高弹性对力学性能的改善效果并不仅局限于线性黏弹范畴。本章将采用多种弹性表征试验对改性沥青和高黏沥青的弹性进行研究。

4.1 沥青的弹性概述

4.1.1 沥青的弹性

根据所讨论的范畴不同，材料的弹性主要有以下 3 种：

（1）弹性模量。

弹性力学范畴内，弹性是指物质在外力作用下发生变形的难度。对物质施加一个恒定的作用力，发生的变形越小，认为这种物质越弹。因此弹性力学范畴内，弹性是指物质的硬度，可以采用弹性模量来量化。按照测试的方法不同，弹性模量又可以分为拉伸模量（杨氏模量）、剪切模量、体积模量。弹性模量主要用于评价刚体，沥青混合料中 95% 都是坚硬的石料，较为符合弹性力学的假设，可以采用弹性模量评价其弹性。沥青路面也多以弹性模量作为参数进行结构厚度设计。但很明显弹性模量并不适用于评价黏弹的沥青胶结料。

（2）相位角。

沥青是典型的黏弹材料，黏弹材料的弹性一般是指动态力学分析中弹性应变和黏性应变的比例，这可以通过相位角指标来量化。弹性应变占总应变的比例越大，相位角越接近 0°，认为这种物质越弹。因此黏弹性力学范畴内，弹性是指弹性行为的占比或相位角。沥青的模量和相位角之间并没有明确的等效关系；沥青的模量越高，并不代表其弹性行为占比越大。以弹簧 E 和黏壶 η 串联的基本 Maxwell 模型为例，增大弹簧 E 的模量，反而可能导致弹性应变占比降低。若弹簧 E 的模量无限大，模型实际上变成了黏度为 η 的纯黏性模型，此时沥青表现纯黏性。另外，相位角指标在评价黏弹材料弹性时还存在两点不足，一是动态力学分析采用的频率不够低（PG 分级试验采用 10 rad/s），难以充分考虑材料的延迟弹性，更多地展示材料的瞬时弹性；二是沥青的动态力学测试往往在线性黏弹性区间内进行，无法考虑加载过程中材料屈服甚至破坏对弹性的影响。

（3）弹性恢复率。

工程应用中，主要采用"弹性恢复率"这一概念对改性沥青的弹性进行评价。按照 AASHTO T301 进行试验，采用延度试验仪在 25 °C 下拉伸沥青样品。拉伸速率采用 5 cm/min，将沥青拉伸至 10 cm 时停止并剪断，1 h 后检测回弹长度计算获得弹性恢复率。从直觉上讲，较小的沥青相位角应对应较高的弹性恢复率，但弹性恢复率更多地由相位角测不到的延迟弹性所决定。事实上，弹性恢复试验中的 1 h 恢复时间就是为了确保沥青的延迟弹性可以充分表达而设定的。此外，弹性恢复率还与材料的韧性和屈服极限有关。弹性恢复试验是一个大应变的破坏试验，硬脆的试件在小应变下可能展现良好的弹性恢复率，但随着应变增大，试件内部若发生破坏甚至脆断，那即使外力撤销也无法再度恢复，最终测得的弹性恢复率就会很低。因此弹性恢复率的大小是由弹性（瞬时+延迟）和材料的韧性共同决定的。SBS 改性剂正是同时具备出色的延迟弹性和韧性，才能明显提高沥青的弹性恢复率。

如此看来，沥青的"弹性"包含多种含义（弹性模量、相位角、弹性恢复率），而且这些含义之间并没有绝对的正相关关系。岩石的弹性模量远大于 SBS 改性沥青，因此从弹性力学的角度来讲岩石的弹性也远大于 SBS 改性沥青；但从弹性恢复率来看却是 SBS 改性沥青更弹。假设往沥青中加入岩沥青等硬质改性剂，使沥青变得硬脆，其弹性模量提高，相位角下降、弹性恢复率却降低，那该说沥青的"弹性"变强了还是变弱了呢？为了避免在应用中造成误解，研究时应对沥青的"弹性"进行更清晰的定义。

4.1.2　SBS 的高弹性与对沥青的增弹机理

优异的弹性恢复能力是 SBS 改性沥青的显著特点，它源于 SBS 作为交联高分子材料所特有的高弹性。高弹性可以同时提升沥青的延迟弹性和韧性，从而明显提升 SBS 改性沥青的弹性恢复率。SBS 对沥青相位角也有明显的降低作用，只是不及对弹性恢复率的贡献明显。

某些硬质沥青改性剂（矿粉、岩沥青等）自身弹性模量较大，添加到沥青中后也能起到提高模量和降低相位角的效果，但是对弹性恢复率的提升非常有限。究其原因，就是因为它们无法提高沥青的韧性。即使硬质的样品在小应变下展现出一定程度的弹性恢复行为，在大应变下也会迅速破坏。普通基质沥青在低温下进入玻璃态，也会表现出一定的弹性（模量上升，相位角下降），但弹性恢复率仍然很低，也是出于相同的原因。

可以很直观地感受到，硬质沥青的弹性和 SBS 改性沥青的弹性是不同的。硬质沥青展现出的是"硬弹"（模量大、韧性差、容易脆性破坏），改性沥青展现出的则是"软弹"（模量小、韧性好、不容易脆性破坏）。从聚合物的角度来讲，材料所展示出的弹性可以分为普弹性和高弹性，分别对应硬质沥青的"硬弹"和 SBS 改性沥青的"软弹"。表 4-1 统计了高弹性与普弹性的区别。

表 4-1　高弹性与普弹性的主要区别

	高弹性	普弹性
常见对象	橡胶、高分子弹性体	金属、处于玻璃态的聚合物
热力学本质	高分子在外力作用下被拉伸，构象熵减小。分子倾向于恢复到构象熵较大的蜷曲状态引起的弹性，因此也称为熵弹性	分子受外力作用时分子链内部键长和键角发生变化，内能增大。体系趋向于减小内能而引起的弹性，因此也称为能弹性
出现条件	① 材料的分子链足够长，可以互相缠结交联形成网络；② 材料的分子链足够柔，容易拉伸蜷曲形成多种构象；③ 网络轻度交联（过度交联导致凝胶，构象变化受到限制）	材料分子间的作用力足够强，限制足够多，单位应变造成的内能变化足够大，例如金属和玻璃态下的聚合物
模量大小	对应弹性模量小，$10^5 \sim 10^6$ Pa	对应弹性模量大，$10^9 \sim 10^{11}$ Pa
恢复时间	被拉伸的高分子链自发地卷曲起来引起的弹性，从拉伸到卷曲的构象变化称为松弛过程。松弛过程需要时间，且体系黏度越大，耗时越久，一般对应延迟弹性	由分子链内部键长和键角的变化引起，形变量很小，恢复非常快，近乎瞬时，一般对应瞬时弹性
极限弹性应变	高（可达 1 000%）	低
与温度关系	进入黏流态前，温度越高，分子构象变化越容易，弹性越强。若温度过高导致材料进入黏流态，则引起不可恢复的黏性变形，弹性下降	温度越高，分子移动受到限制越小，单位应变引起的内能变化越小，弹性越小

　　对于沥青材料而言，高弹性的以下特点值得注意：① 高弹形变量很大且可逆，可在 1 000% 以上；② 高弹态对应的模量较小，比其玻璃态时的模量小 3 ~ 5 个数量级；③ 高弹形变的松弛时间远大于普弹形变的松弛时间（即高弹形变恢复慢于普弹形变恢复），因此一般表现为延迟弹性；④ 普弹性归因于热力学内能变化，高弹性归因于高分子构象熵的变化；⑤ 温度越高，构象熵变化引起的回缩力越大，高弹性越明显；而普弹性一般随温度升高而减小。

高弹性出现的条件远比普弹性苛刻，要求材料的分子链足够长足够柔，并有一定的交联程度。SBS 恰好满足了这些要求，展示出典型的高弹性。首先，SBS 分子的分子量足够大，链长足够长；其次，SBS 的聚丁二烯主链含有大量孤立的碳碳双键，张大了键角，减小了基团之间的排斥力，使得主链更容易发生旋转，增大了链的柔性。最后，SBS 的聚苯乙烯链在常温下处于玻璃态，为 SBS 提供了物理交联点，使得 SBS 网络处于轻度交联的状态，进一步增加了弹性。SBS 的高弹态温度范围很广（ - 80 ~ 90 °C），在这个范围内可以有效提升改性沥青的弹性。SBS 的高弹性对改性沥青性能的影响主要体现在以下 3 个方面：

（1）增强延迟弹性。高弹性主要以延迟弹性的形式表达，SBS 具有出色的高弹性，因此会显著提高沥青的延迟弹性，大大提升其弹性恢复率。

（2）提高弹性比例。同沥青一样，纯 SBS 也是黏弹物质，但常温 25 °C 下 SBS 中的弹性行为占据绝对主导地位，实测相位角在 2° 左右；即使温度升高到 60 °C，SBS 的实测相位角也在 5°左右。常温下的基质沥青相位角大概在 70°，60 °C 时更是接近 90°，说明黏性行为占据绝对主导地位。基质沥青与纯 SBS 改性剂的相位角随温度变化关系如图 4-1 所示，添加 SBS 可以有效提高 SBS 改性沥青中的弹性行为比例，避免出现黏性变形。

（3）增大韧性。高弹性的屈服极限远大于普弹性，因此 SBS 改性沥青在大应变加载下仍能保持极为优异的弹性恢复能力，同时不会出现脆性破坏。这使得 SBS 改性沥青具有更强的抗裂、抗飞散和抗疲劳性能。

（4）降低弹性的温度敏感性。某些硬质沥青在低温下也展现出一定程度的弹性行为，但随着温度升高弹性迅速消失。SBS 在高温下也会出现一定程度的软化与弹性下降，但远低于基质沥青弹性的下降速率，因此，随着温度升高，SBS 改性沥青的弹性下降也较慢，展示出更小的温度敏感性。

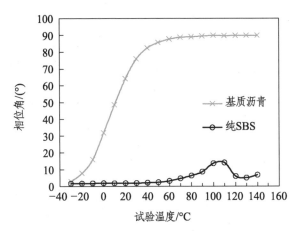

图 4-1　基质沥青与纯 SBS 改性剂的相位角随温度变化关系

4.1.3　弹性的热力学本质

材料的弹性恢复行为是一种自发的行为，因此无论是普弹性还是高弹性，都可以通过热力学来解释。根据热力学原理，材料中的所有分子总是倾向于移动到自由能最小的状态。材料的应力-应变关系一般由式（4-1）所示的亥姆霍兹自由能控制。

$$F = U - TS \qquad (4-1)$$

式中，F 是亥姆霍兹自由能；U 是系统内能；T 是开尔文温度；S 是熵。

根据式（4-1），减小自由能有两种途径，分别是减小内能 U 和增大熵 S，因此分子运动总是朝着减小内能和增大熵两个方向进行。这两种运动引起的弹性被称为能弹性（energy elasticity）和熵弹性（entropy elasticity），分别对应普弹性和高弹性。

能弹性归因于体系内能的变化。材料分子移动受到限制又受到外力作用时，内部键长和键角会发生变化，导致原子之间的距离偏离邻体距离（nearest neighbor distance），内能迅速增大（图 4-2）。为了减小内能，原子开始运动并调整自身所在位置，如此引起的弹性被称为能弹性。另外，分子与分子之间距离变化导致的范德华力变化也会引起能弹性，但总的来说，能弹性涉及的变形量都很小。由于变形小，能弹性有屈服应变小且恢复快的特点。此外，能弹性中单位形变引起的内能变化很大，因此能弹性对应的模量一般很高。能弹性还有随温度升高而逐渐下降的特点。随着温度升高，分子热运动加剧，分子间运动的限制减少，单位应变引起的内能变化降低，能弹性也随之降低。

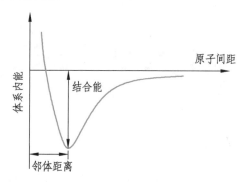

图 4-2　原子间距与内能关系

熵弹性归因于高分子材料构象熵的变化。熵的概念是德国物理学家克劳修斯于 1865 年所提出的。熵的计算方法如式（4-2）所示。胡刚复教授用"商"字加火旁来意译"entropy"这个字，创造了"熵"字，因为熵是 Q（热量）除以 T（温度）的商数。在热力学领域，熵用于描述不可做功的能量总数，体系内废弃的热能 Q 越大，对外做功的能力越低，熵越高。

$$S = \frac{Q}{T} \tag{4-2}$$

式中，S 为熵；Q 为热量；T 为温度。

1877 年，玻尔兹曼为熵赋予了统计学意义。简单来说，熵可以理解为孤立体系中某种状态可能出现的概率，概率越大则该状态对应的熵越大。以扔硬币为例，连续扔出 10 次正面状态的概率较低，其对应的熵就小；扔出 5 次正面与 5 次反面状态的概率较高，其对应的熵就大。图 4-3 中状态 1 的熵小于状态 2 的熵。

图 4-3　扔 10 次硬币可能出现的 2 种状态

　　热力学第二定律（熵增定律）指出：孤立系统的熵只能增大或不变，绝不能减小，最终达到熵最大的状态。结合熵的统计学定义，热力学第二定律说明一个孤立体系总是倾向于呈现概率最大（熵更高）的状态。也就是说连续扔 10 次硬币时，总是倾向于获得 5 次正面与 5 次反面的结果，而非连续扔出 10 次正面的结果。基于同样的原理，熵还可以用来描述体系的混乱程度，因为体系状态越随机，混乱程度越高，出现的概率越大，对应的熵也就越大。孤立体系的熵总是倾向于增多，宏观上表现为体系总是倾向于呈现更加混乱的状态。图 4-3 中状态 2 的混乱程度大于状态 1 的混乱程度，因此出现的概率也更高，熵也更大。

　　熵增原理解释了高分子构象熵变化引起的高弹性。构象是指分子在空间中的几何排列状态，可以简单理解为分子链的形状。由于分子中的原子或基团可以围绕化学键发生内旋转，因此分子的构象总是随着分子热运动不断随机变化。不同的构象状态出现的概率不一，对应的熵也不同。

　　图 4-4 展示了高分子伸展和蜷曲 2 种典型的构象。可以想象，伴随着分子链上每一个原子无时无刻不在进行着的随机热运动，分子总是倾向于蜷曲起来而非伸展开来，所以蜷曲构象熵大于伸展构象熵。当材料在外力作用下被强迫拉伸时，内部的分子也被强迫拉伸，展现出伸展构象，导致构象熵降低；外力卸载后，分子在热运动作用下倾向于回缩到高熵的蜷曲构象。当回缩的分子足够多时，在宏观上就引发了熵弹性（见图 4-5）。

　　需要说明的是，并不是分子蜷曲程度越高熵就越大。当高分子链的蜷曲达到一定程度时熵就会达到最大值，过度蜷曲也会导致熵减引起熵弹性，因此高分子受到压缩时也会回弹，其机理与拉伸弹性类似。

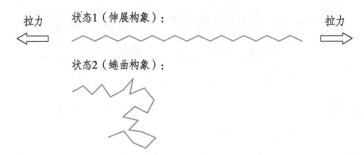

图 4-4　单一高分子的典型伸展构象和蜷曲构象示意

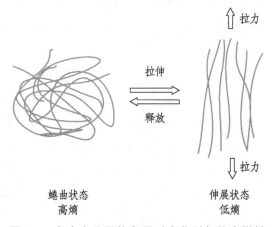

图 4-5　多个高分子构象同时变化引起的高弹性

综上所述，能弹性和熵弹性的形成原理完全不同。可以把展现能弹性的材料想象为无数个用硬弹簧连接在一起的小球，硬弹簧的模量很大，恢复很快，但屈服应变很小；展现熵弹性的材料则像一堆混杂缠结的橡皮筋，橡皮筋的模量小，弹性恢复需要时间，但屈服应变很大。根据命名依据的不同，目前有多种称谓用于描述能弹性和熵弹性，它们的关系如表 4-2 所示。

表 4-2　不同种类弹性的称谓

命名依据	名称	
聚合物领域的俗称	高弹性	普弹性
强调热力学本质	熵弹性	能弹性
强调恢复时间	延迟弹性	瞬时弹性

4.2 不同弹性指标的关系

4.2.1 3 种弹性评价试验简介

出色的弹性是改性沥青的重要特征，研究人员发现良好的弹性不仅能有效提升沥青的高温抗车辙性能，对疲劳性能[28]和低温性能[29]也大有裨益。随着改性沥青技术在道路工程中的大范围应用，国内外推出了诸多改性沥青弹性评价方法[30]。目前常用的改性沥青弹性评价方法主要有动态振荡试验、弹性恢复试验和多重应力蠕变恢复试验（MSCR）。但 3 种方法之间的区别与联系尚不清晰，本节将对 3 种方法进行介绍，它们的相关信息如表 4-3 所示。

表 4-3 三种典型弹性评价试验信息汇总

试验类型	动态振荡试验	弹性恢复试验	多应力蠕变恢复试验
对应指标	相位角	弹性回复率 R_D	弹性恢复率 R_M
试验温度	PG 分级温度	25 ℃	PG 分级温度
荷载类型	动态加载	静态加载	静态加载
荷载大小	恒定应变（12%）	恒定应变率（5 cm/min）	恒定应力（0.1 kPa 或 3.2 kPa）
加载时间	10 rad/s（加载频率）	2 min	1 s
恢复时间		1 h	9 s
规范	AASHTO M320	AASHTO T301	AASHTO TP-70

前文提到，对于沥青这种黏弹材料，其弹性主要包含相位角和弹性恢复率两层含义。动态振荡试验可以确定相位角 δ。动态振荡试验根据 AASHTO M320 进行试验，本节统一采用旋转薄膜老化（RTFO）样品，采用 25 mm 平行板，设置间隙为 1 mm，应变为 12%，加载频率为 12 rad/s，测试温度为沥青的 PG 分级温度。

弹性恢复试验和 MSCR 试验主要确定弹性恢复率指标。基于延度的弹性恢复试验是我国最常用的改性沥青弹性评价方法，是 PG+测试方法的典型代表。根据 AASHTO T301 进行试验，采用延度试验仪在 25 ℃下拉伸沥青样品，拉伸速率为 5 cm/min，拉伸至 10 cm 时停止并剪断样品，1 h 后检测回弹长度并计算弹性恢复率。

MSCR 试验源自高分子领域的蠕变恢复试验，是近些年来常用的改性沥青高温性能评价方法。SHRP 主张采用车辙因子 $G^* \times (\sin \delta)^{-1}$ 来评价沥青的抗车辙性能。但诸多研究指出车辙因子可能无法准确评价改性沥青[31]。Bahia 等[32]认为车辙因子无法反映聚合物改性带来的延迟弹性，因此严重低估了改性沥青的高温性能[33]。Bahia 等[34]在美国国家公路合作研究计划 NCHRP 9-10 中提出了多重蠕变恢复试验（RCRB）以及可以评价沥青延迟弹性的新指标 G_v，获得了广泛的关注。在此基础上，D'Angelo[35]将 RCRB 试验推向非线性黏弹区间，提出了 MSCR 试验以及对应的弹性恢复指标。

本节根据 AASHTO TP-70 进行 MSCR 试验，测试温度为沥青的 PG 分级温度，统一采用旋转薄膜老化（RTFO）样品，采用 25 mm 平行板，设置间隙为 1 mm。首先在 0.1 kPa 应力下实施 20 次蠕变恢复循环周期，前 10 次循环中样品的应力应变响应可能还不稳定，因此实际计算时只取 10～20 次循环的结果。为了研究沥青在高应力应变下的响应，紧接着在 3.2 kPa 应力下实施 10 次蠕变恢复循环周期。在此基础上，还额外进行了 10 kPa 的 MSCR 试验。每个周期蠕变 1 s，恢复 9 s，根据蠕变恢复结果计算弹性恢复率 R_M（Recovery of MSCR test）用于评价沥青的弹性。计算方法如式（4-3）所示[36]。

$$R_M = \frac{\varepsilon_p - \varepsilon_u}{\varepsilon_p} \times 100\% \qquad (4-3)$$

式中，ε_p 为每个周期内，1 s 处的峰值应变；ε_u 为每个周期内，10 s 处未恢复应变。

在评价改性沥青弹性时，弹性恢复试验和 MSCR 试验都提供弹性恢复率这一指标。两者的主要区别在于荷载大小、加载和恢复时间（见表 4-3）。

本章后续采用 R_D（Recovery of ductilometer）代表弹性恢复试验获得的弹性恢复率，以区分 MSCR 获得的弹性恢复率 R_M。

4.2.2　采用的沥青样品与 WCTG 循环测试

在改性沥青的实际生产过程中存在诸多变量，如基质沥青来源、改性剂种类、改性剂掺量与改性工艺等。这些变量会极大影响成品改性沥青的力学性能[37]。目前大部分研究工作都采用实验室自制的改性沥青，存在种类少、掺量单一，难以代表工业实际情况等问题。针对以上问题，本书依托美国西部诸州联合测试团队（Western States Cooperative Testing Group，WCTG）和美国改性沥青研究中心（Modified Asphalt Research Center，MARC）合作完成的循环测试项目（Round Robin Testing），收集了 79 种商业成品沥青进行测试研究，对工业上实际使用的商业改性沥青具有一定代表性。

WCTG 是 1960 年由美国怀俄明州高速公路管理部门发起的合作研究组织，其目的是联合美国各州的道路沥青材料实验室进行数据共享、人员培养、仪器校正和规范修订等试验检测相关工作。WCTG 目前包含全美 54 个独立的沥青材料实验室，主要成员为项目承包商，也包括部分政府实验室和咨询企业。这些实验室都配备有完整的 Superpave 试验仪器，可以对沥青的各方面性能进行全面评价。

2009 年开始，美国中西部的部分州政府要求：对于州政府出资的项目，承包商中标后需要给所有 WCTG 合作成员邮寄沥青材料进行检测。一方面便于政府控制沥青性能，一方面帮助各合作成员实验室对比各自的试验结果，确保检测误差在可控范围之内。检测误差长期高于平均值的承包商将暂时失去投标政府项目的资格。各实验室的检测数据经处理分析后须长期备案，方便政府日后追踪路面性能。MARC 位于美国威斯康星大学麦迪逊分校，是现阶段美国改性沥青评价体系的主要完成单位[34]。WCTG 与 MARC 达成长期合作意向，通过向 MARC 开放检测数据的方式换取

MARC 团队对于检测数据的专业分析，从而帮助 WCTG 组织成员更准确地评价沥青性能[30, 38]。

笔者在 MARC 参与了部分 WCTG 的数据收集与分析工作。本节所研究的 79 种样品高温分级温度为 52～76 ℃，低温分级温度在 –12～–24 ℃，主要是 SBS 改性沥青，也有部分添加了 SBR、PPA 和 EVA 等多种改性剂。需要特别说明的是，本节将不根据某一特定的材料特性（分级温度、改性剂种类、改性掺量等）对沥青样品进行任何分类，而是将所有样品汇总进行分析，从而获得独立于材料特性的普适性结论。WCTG 循环测试项目是一项将生产与科研紧密结合的合作项目。一方面帮助政府把控承包商的业务水平和所采用的沥青质量，一方面方便科研机构获得最新的生产数据进行分析，反过来修正规范、指导生产，促进行业良性发展。这种合作方式可供相关机构借鉴。

4.2.3　相位角与延度弹性恢复率 R_D 的相关性分析

基于 79 种不同种类的改性沥青数据，相位角与延度弹性恢复率 R_D 的相关性分析如图 4-6 所示。

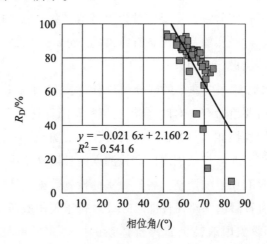

图 4-6　相位角与延度弹性恢复率 R_D 的相关性

可以看出相位角与 R_D 之间存在一定的正相关性，但相关性并不强（ $R^2 = 0.54$ ）。这说明两者虽然都是弹性的评价指标，但并不完全等同。两者差异的主要原因是相位角指标对应的恢复时间过短，无法完全表征沥青的延迟弹性[31]。

SBS 赋予了改性沥青出色的弹性，但主要是延迟弹性，且制备 SBS 改性沥青所采用的基质沥青黏度越大，延迟越明显[39]。动态振荡试验对沥青进行连续的正弦波加载（加载频率为 10 rad/s），恢复时间短，难以保证沥青的延迟弹性充分表达。而弹性恢复试验则赋予了沥青充分的恢复时间（1 h），可以全面反映沥青的弹性响应（瞬时弹性+延迟弹性）。从这个角度来讲，单纯采用相位角指标还不足以完全体现 SBS 改性沥青的弹性，尤其难以评价延迟弹性明显的各类高黏沥青。

4.2.4　相位角与 MSCR 弹性恢复率 R_M 的相关性分析

MSCR 试验采用 1 s 加载与 9 s 恢复的试验设置，对沥青的延迟弹性进行了较为充分的考虑。图 4-7 展示了不同应力水平（0.1 kPa，3.2 kPa，10 kPa）下测得的 MSCR 弹性恢复率 R_M 与相位角的相关分析结果。与 R_D 类似，相位角与 R_M 之间存在一定的相关性，但相关性并不高（ $R^2 = 0.47 \sim 0.56$ ），同样的，其主要原因是 MSCR 更好地考虑了沥青的延迟弹性。

除了考虑延迟弹性，提高试验应力是 MSCR 的另一大特点，高应力迫使沥青进入非线性黏弹区间，从而展现出更接近实际路面的应力应变响应[40]。随着测试应力增大（0.1 kPa，3.2 kPa，10 kPa），R_M 与相位角的相关性越低（ R^2 逐渐下降）。相位角是在线性黏弹性区间测得的，因此与低应力水平下的 R_M 符合得更好。随着应力水平逐渐提高，MSCR 试验中非线性行为比例提高，R_M 与相位角的相关度逐渐降低。

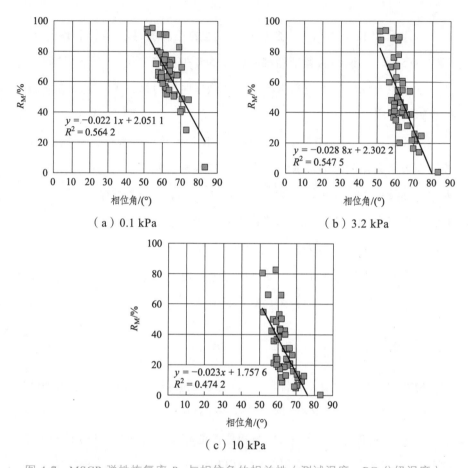

图 4-7　MSCR 弹性恢复率 R_M 与相位角的相关性（测试温度：PG 分级温度）

　　不同应力水平下，79 种沥青样品的 R_M 分布情况如图 4-8 所示（详图请扫二维码）。可以看出，随着测试应力升高，样品的 R_M 整体下降。0.1 kPa，3.2 kPa，10 kPa 对应的平均 R_M 分别为 67%，50%，30%。这是高应力加载对沥青内部结构的破坏造成的。高应力在重载交通条件中较为常见，低应变幅度的动态振荡试验无法模拟这种高应力非线性行为，因此对高温性能的预测效果不如 MSCR。Shan 等[41]曾采用大应变水平动态振荡试验（LAOS）研究沥青的力学性能，取得了较好的结果。

　　部分欧洲研究曾建议采用 12.8 kPa 甚至 25.6 kPa 应力水平进行 MSCR

试验[42]，但一味地提升试验应力也可能导致检测结果的变异性增大。现阶段常用的 3.2 kPa 应力水平实际上是一个基于加速加载试验结果得到的经验值[43]。我国重载超载情况明显多于欧美国家，因此在未来研究中有必要针对我国的高速公路的实际运营情况确定对应的 MSCR 加载应力。

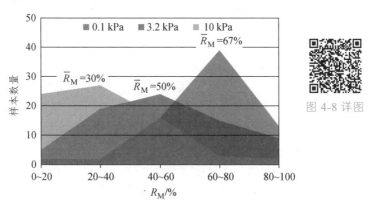

图 4-8 详图

图 4-8　不同应力水平下 79 种沥青样品的 MSCR 弹性恢复率 R_M 分布情况

为了研究温度的影响，在各沥青样品 PG 分级温度 – 6 ℃ 的温度下又进行了动态振荡试验与 MSCR 试验，所获得的 R_M 与相位角的相关结果如图 4-9 所示。与图 4-7 相比，可以看出随着测试温度的下降，R_M 与相位角

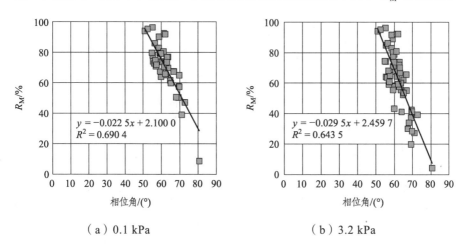

（a）0.1 kPa　　　　　　　（b）3.2 kPa

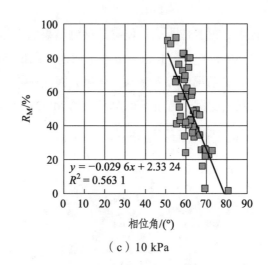

（c）10 kPa

图 4-9　R_M 与相位角的相关性（测试温度：PG 分级温度 – 6 ℃）

的相关性出现了提高。这可能是因为动态振荡试验是恒定应变试验而 MSCR 试验是恒定应力试验。随着测试温度降低，沥青模量变大，MSCR 试验中恒定应力产生的应变变小，沥青力学响应逐渐向小应变加载的动态振荡试验接近，因此 R_M 与相位角的相关性出现了提升。

4.2.5　MSCR 弹性恢复率 R_D 与延度弹性恢复率 R_M 的相关性分析

MSCR 试验和延度弹性恢复试验都赋予了沥青充分的恢复时间，因此能够更好地评价沥青的延迟弹性。R_M 与 R_D 的相关分析结果如图 4-10 所示。很明显，两者的相关性优于其各自与相位角的相关性，但两者的关系并不是简单的线性相关。究其原因，是两者的恢复时间不同。

弹性恢复试验设置了 1 h 的超长恢复时间，因此即使沥青中只存在掺量很低的弹性改性剂，也可以表现出较高的弹性恢复率。经过 1 h 的恢复后，改性沥青的变形基本全部恢复，远高于普通沥青的恢复程度（基本为 0），这使得改性沥青与普通沥青的 R_D 区分度极高。但基于同样的原因，延度弹性恢复试验在改性沥青内部的区分度较低。图 4-10 中左下角的 2 种沥青是未改性的普通沥青，这 2 种沥青与其余 77 种改性沥青的 R_D（Y 轴）

差别明显，但 77 种改性沥青之间的差别较小，R_D 都在 0.6 ~ 1.0。

MSCR 的恢复时间适中（9 s），既能很好地区分普通沥青和改性沥青，又能区分不同改性沥青的弹性强弱，因此 79 种样品的 R_M（X 轴）分布较为均匀。同时还可以看出，随着 MSCR 的加载应力增大，R_M 与 R_D 的相关系数逐渐下降。这说明延度弹性恢复试验中沥青产生的总应变虽然较大，但由于应变率相对较小，样品所经历的破坏行为可能不如 MSCR 试验程度高。

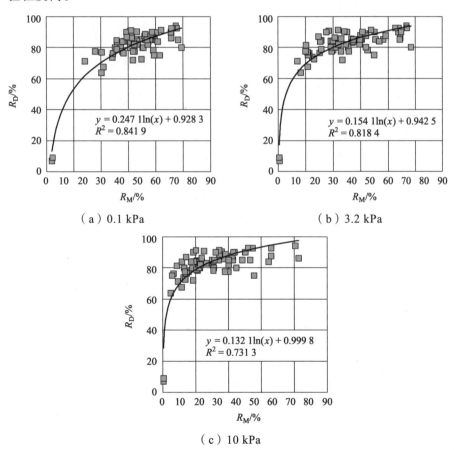

（a）0.1 kPa

（b）3.2 kPa

（c）10 kPa

图 4-10　R_D 与 R_M 的相关性（测试温度：PG 分级温度）

为了研究温度的影响，对 PG 分级温度 −6 ℃ 下测得的 R_M 与 R_D 进行了相关性分析，结果如图 4-11 所示。与图 4-10 相比，测试温度的下降使得相关性出现了提高。这可能是因为低温下 MSCR 中沥青样品发生的应变变小，应力-应变响应向线性黏弹行为靠拢，因此相关性出现了提升。这与图 4-9 的结果一致。说明 MSCR 试验中沥青样品经历了更大程度的破坏。

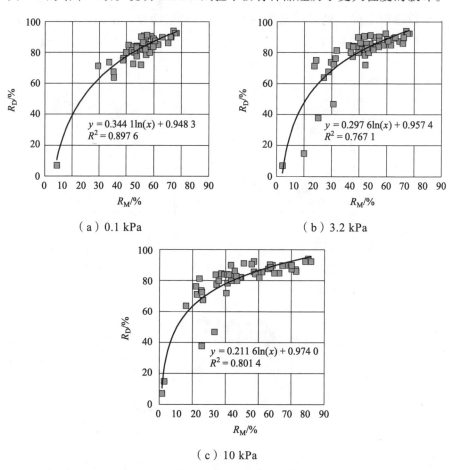

（a）0.1 kPa   （b）3.2 kPa

（c）10 kPa

图 4-11 R_D 与 R_M 的相关性（测试温度：PG 分级温度 – 6 ℃）

综上可以看出相位角和弹性恢复率都可以评价弹性，但弹性恢复率更好地表征了 SBS 改性沥青的延迟弹性特点，可能是比相位角更好的弹性评价指标。此外，对延迟弹性的不同重视程度会极大影响沥青的弹性评价结果。延长恢复时间可以更好地表征沥青的延迟弹性特点，但过长的恢复时间（如延度弹性恢复试验所采用的 1 h）则会导致试验区分度下降。

4.3　弹性与沥青高温性能和疲劳性能的相关性

改善弹性可以显著提升沥青的多方面性能。本节主要对弹性与沥青高温性能和疲劳性能的相关性能进行讨论。

4.3.1　弹性指标与高温抗车辙性能的相关性

目前最常用的抗车辙性能指标是美国 Superpave 设计规范提出的车辙因子 $G^* \times (\sin\delta)^{-1}$。我国在高速公路建设过程中也主要采用车辙因子来控制沥青的高温性能。但近些年来，诸多研究指出车辙因子无法准确评价改性沥青，尤其是 SBS 类聚合物改性沥青[31]。Bahia 等[32]认为 Superpave 标准提出的车辙因子无法反映聚合物改性带来的延迟弹性，因此严重低估了改性沥青的高温性能[33]。

为了进一步提升车辙因子指标的评价准确性，Shenoy[44, 45]先后提出了 2 种改良版本的车辙因子 $G^* \times [1 - (\tan\delta \times \sin\delta)^{-1}]^{-1}$ 和 $G^* \times (\sin\delta)^{-9}$。其主要思路是通过赋予相位角 δ 更多权重来考虑弹性的贡献。Bahia 等[34]在美国国家公路合作研究计划 NCHRP 9-10 中提出了多重蠕变恢复试验（RCRB）以及可以评价沥青延迟弹性的新指标 G_v，获得了广泛的关注。在此基础上，D'Angelo[35]将 RCRB 试验推向非线性黏弹区间，提出了多重应力蠕变恢复试验（MSCR）以及对应的不可恢复蠕变柔量指标 $J_{nr3.2}$。$J_{nr3.2}$ 的评价效果很好，现已写入最新的美国沥青高温性能评级规范。

本节在 WCTG 收集的 79 种改性沥青数据集的基础上，建立弹性评价指标（相位角、$R_{3.2}$）与 4 种典型的车辙指标之间的相关关系。本节所讨论的四种车辙指标为 $J_{nr3.2}$、标准车辙因子 $G^* \times (\sin\delta)^{-1}$ 和 2 种改进型车辙因子 $G^* \times (\sin\delta)^{-9}$、$G^* \times [1 - (\tan\delta \times \sin\delta)^{-1}]^{-1}$。

由于 4 种抗车辙指标中有 3 种的计算公式中包含了相位角，本节首先讨论相位角与这些抗车辙指标的关系。相位角与 $G^* \times (\sin\delta)^{-1}$，$G^* \times (\sin\delta)^{-9}$，$G^* \times [1-(\tan\delta \times \sin\delta)^{-1}]^{-1}$ 和 $J_{nr3.2}$ 的相关性分析结果如图 4-12 所示。可以看出相位角与标准车辙因子 $G^* \times (\sin\delta)^{-1}$ 的相关性极低，拟合优度 R^2 仅有 0.01。除此之外，相位角与另外 3 种车辙指标的相关性都明显更高，均在 0.5 左右。

$J_{nr3.2}$ 是目前公认最合理的车辙指标。相关研究也表明 $G^* \times (\sin\delta)^{-9}$ 和 $G^* \times [1-(\tan\delta \times \sin\delta)^{-1}]^{-1}$ 与实际路面车辙性能的相关性高于标准车辙因子。因此，根据图 4-12 的结果可以推断沥青弹性对抗车辙性能有重要的贡献。

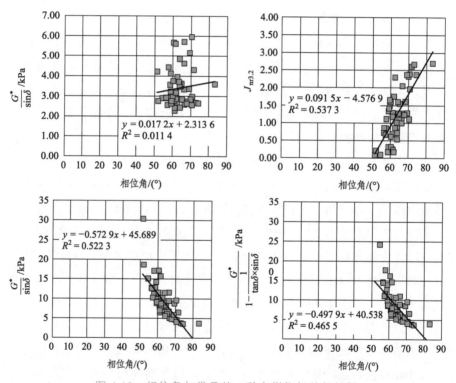

图 4-12　相位角与常见的 4 种车辙指标的相关性

MSCR 试验获得的弹性恢复率 $R_{3.2}$ 指标与 $G^* \times (\sin\delta)^{-1}$，$G^* \times (\sin\delta)^{-9}$，$G^* \times [1-(\tan\delta \times \sin\delta)^{-1}]^{-1}$ 和 $J_{nr3.2}$ 的相关性分析结果如图 4-13 所示。与相位

角的结果类似，$R_{3.2}$ 与标准车辙因子 $G^* \times (\sin\delta)^{-1}$ 的相关性极低，拟合优度 R^2 仅有 0.026。除此之外，$R_{3.2}$ 与另外 3 种车辙指标的相关性都明显更高，特别是 $R_{3.2}$ 与 $J_{nr3.2}$ 的相关度达到了 0.85，说明通过 MSCR 试验确定的高温抗变形能力极度依赖沥青的弹性恢复率。

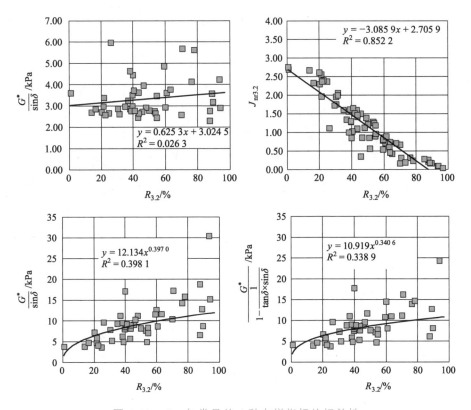

图 4-13　$R_{3.2}$ 与常见的 4 种车辙指标的相关性

为便于对比，将复数模量 G^* 和 4 种常见车辙指标的相关性分析结果列于图 4-14 中。可以看出 G^* 与标准车辙因子的相关性非常高，R^2 达到了 0.97，说明标准车辙因子严重依赖于沥青的硬度。另一方面，$J_{nr3.2}$，$G^* \times (\sin\delta)^{-9}$，$G^* \times [1-(\tan\delta \times \sin\delta)^{-1}]^{-1}$ 与 G^* 的相关性极低，说明这 3 种指标受到沥青硬度的影响较小，主要是受弹性的影响。

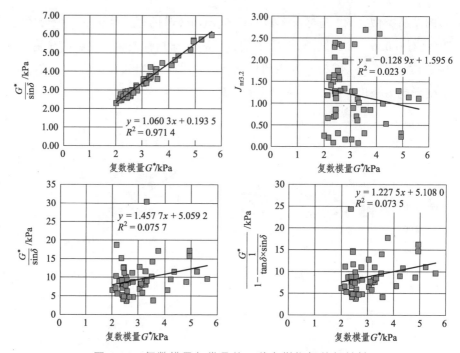

图 4-14　复数模量与常见的 4 种车辙指标的相关性

4.3.2　弹性指标与抗疲劳性能的相关性

沥青的疲劳破坏是指在远低于材料强度极限的重复交变应力作用下发生的破坏。在重复荷载的作用下，沥青内部逐渐产生微变形和微裂缝等永久性损伤。这些损伤无法及时恢复，逐渐积累，最终引起大范围的开裂破坏。不难想象，弹性越好的材料的微变形和微裂缝累积越慢，疲劳寿命越长。本节研究了弹性恢复率与疲劳寿命之间的关系。

弹性恢复率参照 AASHTO TP 123，采用 DSR-ER 试验进行测量。DSR-ER 试验的原理与延度弹性恢复试验完全相同，是一种在 DSR 平台上复刻的弹性恢复试验，其测试结果与延度弹性恢复试验的结果相关性可达0.97，但变异性更小，消耗的样品更少，同时能获得蠕变-恢复曲线，因此近些年来得到了较多的应用[46]。根据 AASHTO TP 123，DSR-ER 试验首先在 0.023 s^{-1} 剪切速率条件下对沥青样品实施 2 min 的静态剪切，然后卸载休息 30 min，最后记录样品的应变恢复情况并计算应变恢复率。DSR-ER试验的测试结果如图 4-15 所示，可以看出不同改性沥青的弹性恢复率有明显差别，SBS 改性沥青掺量越高，弹性恢复率越大。岩沥青的模量虽然大，但由于屈服应变小，弹性恢复率仅比基质沥青大一些。

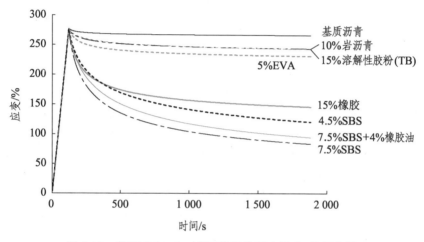

图 4-15　基于 DSR-ER 试验获得的沥青蠕变-恢复曲线

　　沥青的疲劳寿命采用时间扫描测试和 LAS 试验分别确定，测试温度均为 25 ℃。时间扫描试验采用的应变为 10%，破坏标准为复数模量下降 50%。LAS 试验根据 AASHTO TP101 进行，根据加载结果分别计算沥青样品在 5%、10%、15%、20% 应变下的疲劳寿命。弹性恢复率与时间扫描疲劳寿命的相关性如图 4-16 所示，与 LAS 试验疲劳寿命的相关性如图 4-17 所示。

　　可以看出疲劳性能与弹性恢复率之间存在明显的正相关关系，甚至是指数增长关系。当弹性恢复率超过 50% 后，继续增大弹性恢复率会极大提高疲劳寿命。这并不难理解，若材料展现出 100% 的理想弹性恢复，能够还原所有的变形，那材料可能就不会在加载过程中发生破坏。王超[47]的研究也指出了类似的结果，认为"除了 3 种基质沥青和高模量沥青以外，DSR-ER 试验对五种聚合物改性沥青的疲劳性能具有很好的区分度且与 LAS 试验评价结果保持了一致"。

　　另外还可看出，随着 LAS 试验中计算疲劳寿命所用的应变逐渐增大，弹性恢复率与疲劳寿命的相关性逐渐增强。R^2 由 5% 应变水平下的 0.67 增长至 20% 应变水平下的 0.86。前文提到，弹性恢复率的大小还与材料的韧性有关，弹性恢复率越高的沥青材料往往拥有更强的韧性，因此在大应力（大应变）作用下也能展现出良好的力学性能。LAS 试验的发明团队 Bahia 等[9]在研究中指出：在大应变条件下计算的 LAS 试验疲劳寿命与沥青混合料和实际路面疲劳寿命的相关性更好。从这个角度而言，弹性恢复率是一个能有效反映沥青材料路面实际疲劳性能的指标。

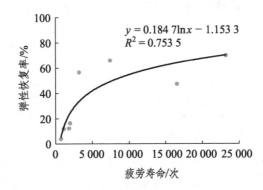

图 4-16　弹性恢复率与疲劳寿命的相关性分析（时间扫描试验）

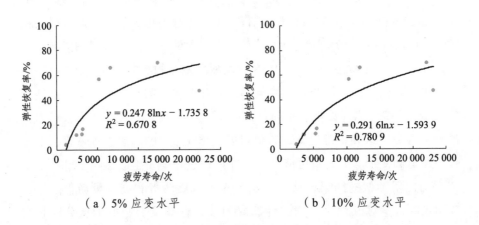

（a）5% 应变水平　　　　　　　　　（b）10% 应变水平

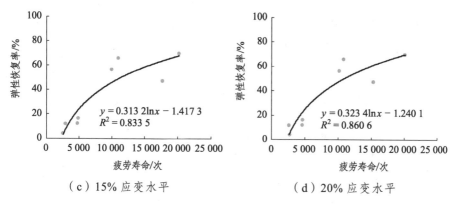

（c）15% 应变水平　　　　　　（d）20% 应变水平

图 4-17　弹性恢复率与疲劳寿命的相关性分析（LAS 试验）

4.4　改性沥青弹性恢复率随温度的变化规律

沥青是一种感温性极强的材料，却又在多变的温度环境中服役。温度同时对基质沥青的普弹性和 SBS 改性剂的高弹性施加影响，因此 SBS 改性沥青整体的弹性随温度展现出复杂的变化规律。本节将针对温度对 SBS 改性沥青弹性恢复率的影响进行讨论。

根据前文的讨论，MSCR 试验可以表征改性沥青特有的延迟弹性，且加载时间和恢复时间的设置比例适中，对不同沥青样品的区分度高，是评价 SBS 改性沥青弹性恢复率的高效方法。本节采用 MSCR 试验对改性沥青的弹性恢复率进行测试。对同一个沥青样品，测试其在 4～100 ℃ 这个较宽温度范围内的弹性恢复率变化情况。首先测试 4 ℃ 下的弹性恢复率，然后逐渐升温，以 6 ℃ 为间隔，依次测试所有温度下的弹性恢复率。为确保不同温度下的测试不互相干扰，仅采用 0.1 kPa 的应力加载，不进行 3.2 kPa 的加载，避免样品出现非线性黏弹行为甚至屈服破坏，保证全部测试在线性黏弹区间进行。

4.4.1　不同 SBS 掺量

首先在加载 1 s，恢复 1 s 的情况下，研究不同 SBS 掺量对弹性恢复率的影响，测试结果如图 4-18 所示。

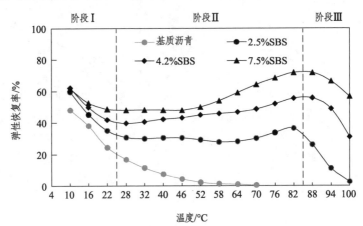

图 4-18　SBS 改性沥青的 MSCR 弹性恢复率随温度的变化规律

基质沥青的弹性主要来自于普弹性，普弹性产生的条件是分子间的作用力与限制足够强。温度升高导致沥青分子热运动愈发剧烈，分子间的作用力与限制逐渐下降，普弹性也逐渐降低，因此基质沥青的弹性恢复随着温度上升逐渐下降，这一规律是简单明了且符合逻辑的。改性沥青则展现出独特的"下降-上升-下降"的三阶段变化规律，且三阶段变化规律随着 SBS 掺量的增加变得越发明显。不同改性沥青在阶段Ⅱ（28~88 ℃）的实际蠕变恢复曲线如图 4-19 所示。可以看出随着 SBS 掺量的升高，恢复曲

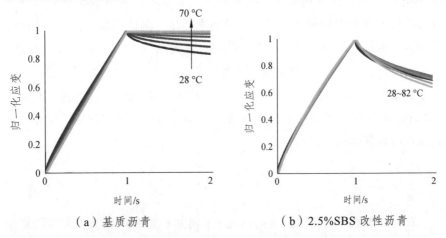

（a）基质沥青　　　　　　　　（b）2.5%SBS 改性沥青

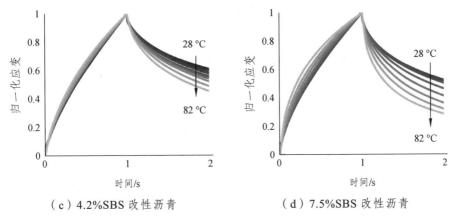

（c）4.2%SBS 改性沥青　　　　　　（d）7.5%SBS 改性沥青

图 4-19　28～88 ℃ 范围内 SBS 改性沥青的实际蠕变恢复曲线

线的排列顺序逐渐反转。基质沥青的恢复曲线随着温度升高逐渐减低，代表其恢复能力逐渐降低；7.5% SBS 改性沥青的恢复曲线则随着温度升高逐渐下降，代表其弹性恢复能力逐渐增强。

　　SBS 改性沥青的弹性恢复率的三阶段变化行为是沥青与 SBS 两相共同发挥作用的结果。低温（阶段Ⅰ）下基质沥青呈玻璃态，分子基本"冻结"，体系黏度很大，妨碍了 SBS 分子的松弛运动（既不能伸展又不能蜷曲），因此 SBS 无法展现出其特有的高弹性。此时 SBS 改性沥青的弹性恢复主要以基质沥青相的普弹性为主，添加 SBS 虽然能够略微提升弹性，但效果并不明显。随着温度升高，沥青的模量与普弹性下降，整体弹性恢复率也逐渐下降。

　　随着温度上升（阶段Ⅱ），沥青分子逐渐变得可以活动，对 SBS 松弛运动的限制减少，SBS 的高弹态得以展现。此阶段内温度越高，体系的黏度越小，SBS 分子伸展和蜷曲越容易，展现出的高弹性越强。可以看出此阶段内基质沥青的普弹性逐渐降低到零，但 SBS 改性沥青的弹性恢复率反而逐渐升高，这都是 SBS 分子高弹性的功劳。

　　温度继续升高（阶段Ⅲ），SBS 分子和基质沥青都进入黏流态，SBS 改性沥青在加载过程中的不可恢复黏性变形逐渐累积，因此弹性恢复率再次降低。

4.4.2 不同恢复时间

　　沥青的弹性恢复率与恢复时长直接相关，1 s 的恢复时间还不足以完全反映 SBS 改性沥青的延迟弹性。为了进一步对改性沥青的弹性恢复率三阶段行为进行研究，设置了 0.01 s，0.1 s，1 s，4 s，9 s 几种不同的恢复时间，分别计算弹性恢复率。其中 9 s 是 MSCR 试验推荐的弹性恢复时间，可以充分反映 SBS 改性沥青的延迟弹性；0.01 s 则可以反映瞬时弹性恢复。通过观察延长恢复时间对弹性恢复率带来的影响，可以更好地分析改性沥青弹性恢复的三阶段变化规律。不同恢复时长下弹性恢复率的测试结果如图 4-20 所示。

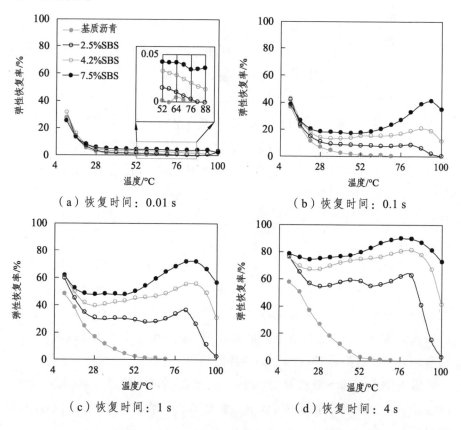

（a）恢复时间：0.01 s　　　　（b）恢复时间：0.1 s

（c）恢复时间：1 s　　　　（d）恢复时间：4 s

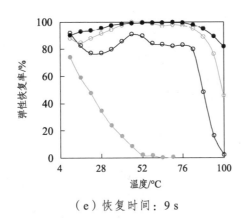

（e）恢复时间：9 s

图 4-20　不同恢复时长下 SBS 改性沥青的 MSCR 弹性恢复率随温度的变化规律

结果显示，0.01 s 时，基质沥青与 SBS 改性沥青的弹性恢复率在所有温度下基本都没有区别。正如前文所言，这是因为 SBS 带来的弹性提升主要是需要时间才能完成表达的延迟高弹性。在极短的恢复时间下，只有基质沥青的瞬时普弹性能得到表达，因此 0.01 s 恢复时长下基质沥青和 SBS 改性沥青的弹性恢复曲线基本没有差别。

随着恢复时间延长（0.1～9 s），SBS 分子有了更多的时间松弛，其特有的高弹性开始发挥作用，基质沥青与 SBS 改性沥青的弹性恢复曲线开始展现差别，SBS 改性沥青的三阶段行为也开始显现。这说明 SBS 的高弹性是造成三阶段变化规律的重要原因。

另外还可以看出基质沥青与 SBS 改性沥青的差别主要集中在高温区域。这是因为高温降低了沥青相的黏度，提升了 SBS 分子的松弛速度，从而使得 SBS 的高弹性能够更好的表达。根据时温等效原理，提高温度和延长时间类似，都能凸显 SBS 的高弹性。SBS 相的高温主导性在本书的主曲线分析（第 3 章）中也有讨论，并将在本书 6.4 节进行详细讨论。

4.4.3　Burgers 模型拟合

1．模型公式

为了进一步明晰三阶段变化行为的机理，采用 Burgers 黏弹模型对不同温度下的蠕变恢复曲线进行拟合,区分其中的瞬时普弹性与延迟高弹性。Burgers 模型是用于拟合材料蠕变恢复行为的经典模型,其组成如图 4-21 所示。Burgers 模型拥有一个用于描述瞬时普弹性的弹簧原件(E_1)和一个用于描述延迟高弹性的延迟弹簧原件($E_2+\eta_2$),此外,还有一个用于描述纯黏性变形的黏壶原件(η_1)。

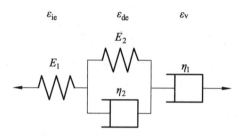

图 4-21　Burgers 模型的组成

Burgers 模型中的 E_2 和 η_2 共同组成了一个延迟弹簧原件,对应一个延迟时间 τ 。τ 是 η_2 除以 E_2 的商。E_2 越大,η_2 越小,延迟时间 τ 越短,代表材料中的弹性网络越强且体系的黏度越小,对弹性恢复的抑制作用越小,弹性恢复的速度越快。普弹性对应的弹簧原件没有并联黏壶,可以将其延迟时间看作 0,即外力释放后变形就可以立即恢复。

需要说明的是:有研究认为 Burgers 模型只有一个延迟时间参数,因此对于可能含有多个松弛谱的改性沥青拟合效果较差(多个松弛谱意味着多个延迟弹簧原件与多个延迟时间)。然而,笔者在对比了多种黏弹模型后,仍决定采用 Burgers 模型对本节进行研究。这是因为本节希望借助黏弹模型区分沥青相的普弹性和 SBS 相的高弹性。对于 SBS 改性沥青这种只有 SBS 一种改性剂的沥青,采用一个延迟时间具有更为明确的物理意义,即普通弹簧原件对应沥青相的瞬时普弹性,延迟弹簧原件对应 SBS 相的延迟高弹性。添加更多的延迟时间虽然能略微提高拟合精度,但额外的延迟时间不具备明确的物理意义,反而干扰了后续的机理分析。此外,Burgers

模型对本书所采用的基质沥青和改性沥青的拟合优度良好,满足分析要求。本节主要对基质沥青和 4.2%SBS 的蠕变恢复曲线进行拟合研究。Burgers 模型拟合效果如图 4-22 所示。基质沥青的均方根误差（Root Mean Square Error，RMSE）为 0.011；4.2%SBS 改性沥青的均方根误差为 0.043，说明 Burgers 模型对两者均有良好的拟合效果。

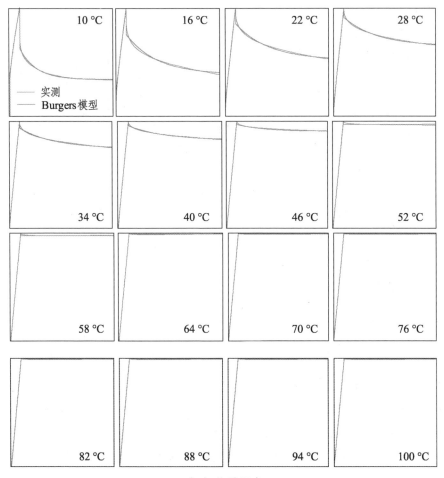

（a）基质沥青

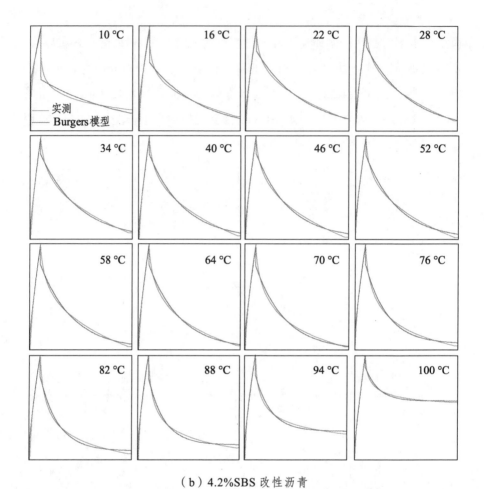

（b）4.2%SBS 改性沥青

图 4-22　Burgers 模型对基质沥青和 4.2%SBS 改性沥青的拟合效果

Burgers 模型中各类应变的表达式如表 4-4 所示。有的研究只采用 Burgers 模型拟合蠕变阶段，这样获得的结果可能无法代表整个蠕变+恢复阶段。本书采用 Burgers 模型同时拟合蠕变和恢复阶段。

根据表 4-4 可以将典型的沥青蠕变恢复曲线中的变形进行分类，分类结果如图 4-23 所示。

表 4-4 Burgers 模型中各类应变的计算公式

应变类型	蠕变阶段（ $0 < t \leqslant t_1$ ）	恢复阶段（ $t > t_1$ ）
瞬时普弹性（ ε_{ie} ）	$\dfrac{\sigma_0}{E_1}$	0
延迟高弹性（ ε_{de} ）	$\dfrac{\sigma_0}{E_2}(1 - e^{-\frac{E_2}{\eta_2}t})$	$\dfrac{\sigma_0}{E_2}(1 - e^{-\frac{E_2}{\eta_2}t})e^{\frac{E_2}{\eta_2}(t-t_1)}$
纯黏性应变（ ε_v ）	$\dfrac{\sigma_0 t}{\eta_1}$	$\dfrac{\sigma_0 t_1}{\eta_1}$
总应变	$\dfrac{\sigma_0}{E_1} + \dfrac{\sigma_0 t}{\eta_1} + \dfrac{\sigma_0}{E_2}(1 - e^{-\frac{E_2}{\eta_2}t})$	$\dfrac{\sigma_0 t_1}{\eta_1} + \dfrac{\sigma_0}{E_2}(1 - e^{-\frac{E_2}{\eta_2}t})e^{-\frac{E_2}{\eta_2}(t-t_1)}$

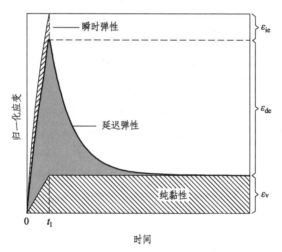

图 4-23 基于 Burgers 模型的沥青材料蠕变恢复曲线

2．不同 SBS 掺量

基质沥青的拟合结果如图 4-24 所示。基质沥青也同时展示出普弹和高弹形变，但普弹形变明显占据主导地位。随着温度升高，整体的弹性恢复率显著下降。当温度超过 52 ℃ 后，总的弹性恢复率只有不足 5%，此时黏性变形主导了基质沥青的力学响应。

前文提到，采用 Burgers 模型的主要目的是利用普通弹簧原件和延迟弹簧原件分别描述基质沥青的瞬时普弹性与 SBS 相的延迟高弹性。但在描述体系内没有 SBS 相的基质沥青时，Burgers 模型的普通弹簧和延迟弹簧只能同时描述基质沥青的行为。从微观的角度来看，可以把检测到的普弹性归结为沥青分子内能变化造成的能弹性，把高弹归结为沥青分子之间缠结导致的高弹性，但由于基质沥青的平均分子量小，缠结程度极其有限，因此检测到的高弹性所占的比例很低。基质沥青的弹性随着温度上升迅速下降，这也是能弹性的典型特点之一。

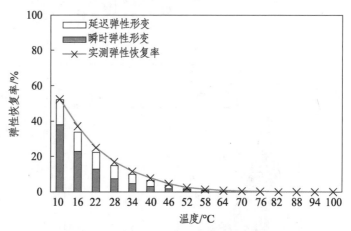

图 4-24　不同温度下基质沥青弹性恢复率的 Burgers 模型拟合结果

基于 Burgers 模型的 SBS 改性沥青拟合情况如图 4-25 所示。Burgers 模型对回弹形变的分类清晰地验证了前文对弹性恢复三阶段形成机理的猜想。正如前文所言，阶段 I 内基质沥青呈玻璃态，分子基本冻结，体系黏度很大，妨碍了 SBS 分子松弛（伸展蜷曲），因此 SBS 无法展现出其特有的高弹性。此时 SBS 改性沥青的弹性恢复主要以基质沥青相的普弹性为主。随着温度升高，沥青模量下降，普弹性下降，整体弹性恢复逐渐下降。

随着温度上升进入阶段 II，沥青分子开始逐渐变得可以活动，SBS 的高弹态得以展现，且温度越高，体系的黏度越小，越方便 SBS 伸展蜷曲，展现出的高弹性越强。可以看出阶段Ⅱ内持续增加的延迟弹性形变是造成总弹性恢复率上升的直接原因。

温度继续升高进入阶段Ⅲ，SBS 分子和沥青进入黏流态，材料的不可恢复黏性变形逐渐累积，因此弹性恢复率再次降低。

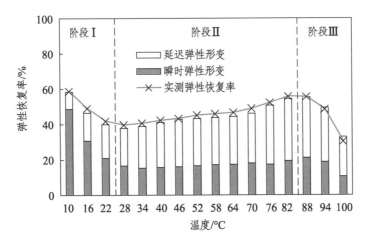

图 4-25　不同温度下 SBS 改性沥青弹性恢复率的 Burgers 模型拟合结果

需要特别说明的是，图 4-25 中阶段Ⅱ和阶段Ⅲ检测到的大部分瞬时弹性其实也来自 SBS 的高弹性。为了更好地说明这一问题，图 4-26 对比了基质沥青与 SBS 改性沥青在不同温度下的瞬时弹性形变（图 4-24、图 4-25 中的瞬时弹性部分），可以看出基质沥青的瞬时弹性随着温度持续下降，在 52 ℃ 后基本就完全消失了，SBS 改性沥青则在 22～94 ℃ 区间内一直保持大约 20% 的瞬时弹性恢复率。沥青在 52 ℃ 下基本进入黏流态，不再表现出任何弹性，因此这 20% 的瞬时恢复率其实归功于 SBS 改性剂的高弹性（图中虚线框内部分）。只是对于 Burgers 模型而言，高温下 SBS 的高弹性表达足够快，采用无延迟的普通弹簧进行描述反而能获得更小的误差，因此模型拟合时将这部分由 SBS 引起的高弹性归为了瞬时弹性。这个温度域内典型的拟合曲线与实际曲线对比也放在了图 4-26 右上角，可以看出实际曲线的恢复速度很快，因此这部分弹性恢复被 Burgers 模型误判为了瞬时弹性。基质沥青主要表现由能弹性引起的瞬时弹性，SBS 相主要表现由熵弹性引起的延迟弹性。但这并不代表基质沥青完全不具有延迟弹性或 SBS 完全不具有瞬时弹性。根据测试的环境，以及对"瞬时/延迟"的定义不同，基质沥青也可能表现一定程度的延迟弹性，SBS 也可能表现瞬时弹性。

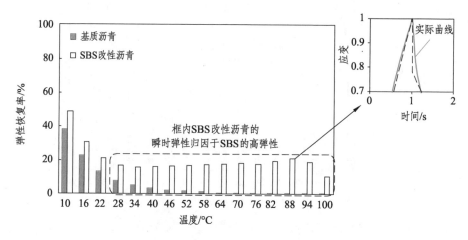

图 4-26　不同温度下基质沥青与 SBS 改性沥青的 Burgers 模型拟合普弹性对比

3．不同恢复时间

为了进一步深入研究，对不同恢复时间下蠕变恢复曲线进行了拟合，结果如图 4-27 所示。结果显示在 0.01 s 恢复时间下，SBS 改性沥青的模型拟合值与实测值差距较大（尤其是高温下），除此以外模型拟合值与实测值符合得很好。0.01 s 时模型与实测的差异源于上文提到的 Burgers 模型对 SBS 高弹性的误判。在高温下，沥青的黏度极低，SBS 的伸展和蜷曲基本不受限制，因此高弹性表达得非常快，采用无延迟的弹簧对其进行描述反而能获得更小的误差，因此 Burgers 模型将这部分由 SBS 引起的高弹性归为了瞬时弹性。但这部分高弹形变并不是绝对瞬时的，至少 0.01 s 还不足以供其完成恢复。因此在 0.01 s 时，模型拟合值与实测值出现了偏差。这一偏差在 0.1 s 时消失了，说明 0.1 s 已足够这部分高弹形变完成恢复了。

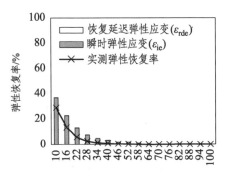

（a）基质沥青：0.01 s

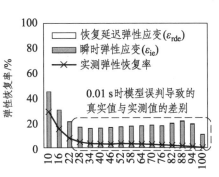

（b）SBS 改性沥青：0.01 s

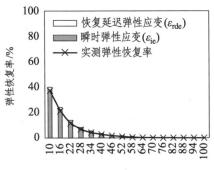

（c）基质沥青 0.1 s

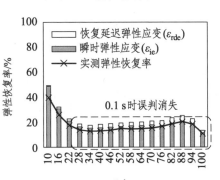

（d）SBS 改性沥青：0.1 s

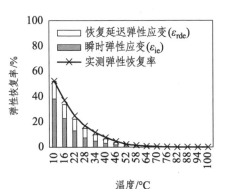

（e）基质沥青：1 s

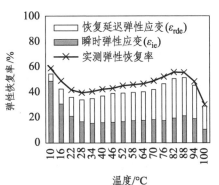

（f）SBS 改性沥青：1 s

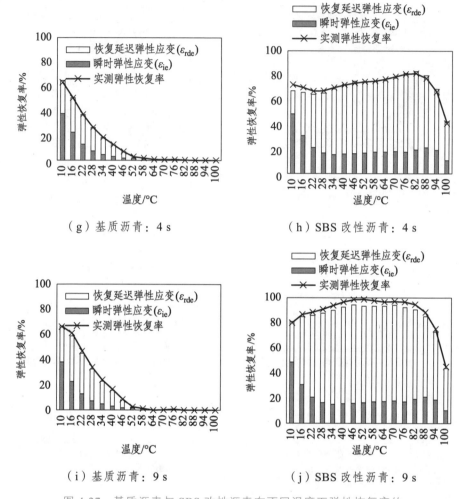

（g）基质沥青：4 s　　　　　　（h）SBS 改性沥青：4 s

（i）基质沥青：9 s　　　　　　（j）SBS 改性沥青：9 s

图 4-27　基质沥青与 SBS 改性沥青在不同温度下弹性恢复率的
Burgers 模型拟合结果（不同恢复时间）

　　随着恢复时间继续延长，SBS 分子有了更多的时间松弛，因此展现出更多的高弹形变。这部分高弹形变需要的恢复时间稍久，因此不再被模型误判为瞬时弹性，而是判别为延迟弹性。随着延迟弹性逐渐增大，基质沥青与 SBS 改性沥青的弹性恢复曲线的差别开始变得明显，SBS 改性沥青的弹性恢复率三阶段行为也开始显现，且三阶段中增长的弹性恢复应变基本都是 SBS 贡献的高弹应变。这说明 SBS 的高弹性是造成弹性恢复率三阶段变化规律的根本原因。

4．基于 Burgers 模型的参数研究

SBS 的高弹性也会对 Burgers 模型的拟合参数产生影响。Burgers 模型中的 E_1、E_2 弹簧模量的拟合结果如图 4-28 所示。注意与直觉相反的是，弹簧原件的模量越大，表明在这个弹簧原件上发生的弹性形变越小，在总形变中占的比例越小，因此整个黏弹模型越趋近于黏性。以图 4-28 为例，70 ℃ 时基质沥青的 E_1 和 E_2 弹簧的模量都无穷大，此时模型实际上变成了一个黏度为 η_1 的简单黏壶模型。

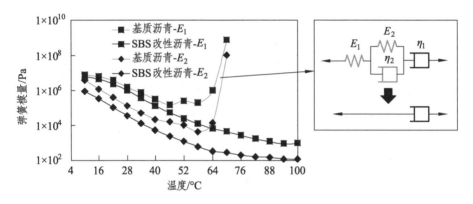

图 4-28　Burgers 模型中的 E_1、E_2 参数的变化规律

从 10 ~ 52 ℃，基质沥青的 E_1 和 E_2 显示出下降的趋势，表明沥青逐渐变软，形变增大。52 ℃ 时，E_1 和 E_2 开始激增，表明基质沥青的弹性形变占比极剧减小。此时可以将 E_1 和 E_2 两根弹簧视为不可压缩的杆，Burgers 模型变成了纯黏壶模型，说明基质沥青高温下主要展现黏性流动。

从 10 ~ 100 ℃，SBS 改性沥青的 E_1、E_2 一直都较为合理，表明 SBS 改性沥青一直表现出相当程度的弹性变形。E_1 弹簧主要描述瞬时弹性；E_2 弹簧则和 η_2 黏壶一起描述延迟弹性。可以看出 E_2 模量比 E_1 模量小了两个数量级。这主要是因为 E_1 描述的瞬时弹性主要由基质沥青相的普弹性贡

献，E_1 弹簧描述的延迟弹性则主要由 SBS 相的高弹性贡献。高弹性的模量远低于普弹性，因此 E_2 远低于 E_1。

对比基质沥青和 SBS 改性沥青可以发现 SBS 改性沥青的 E_1 比基质沥青的 E_1 低一些。正如前文所言，这是因为当 SBS 聚合物网络回弹得足够快时，部分 SBS 的高弹性也被 Burgers 模型归为了瞬时普弹性，相应地拉低了对应的模量 E_1。温度越高，沥青软化得越多，SBS 高弹性被误判为普弹性的比例越高，SBS 改性沥青的 E_1 比基质沥青的 E_1 小的现象越明显。

延迟时间 τ 是 Burgers 模型中重要的参数。延迟时间越短，表明回弹所需要的时间越短，回弹越趋近于瞬时。基质沥青和 SBS 改性沥青的延迟时间 τ 如图 4-29 所示。基质沥青在 52 ℃ 以后回弹率趋近于 0，因此不再计算对应的 τ。为便于理解，由 Burgers 模型确定的，专属于延迟弹簧的蠕变回弹曲线也列于图 4-29 中。可以看出，随着温度升高，SBS 改性沥青的 τ 逐渐变小，回复曲线也逐渐下凹，表明回弹越来越快。另一方面，基质沥青的 τ 基本维持不变，不同温度下的曲线也基本重合。τ 的变化规律验证了前文关于三阶段成因的猜想：温度较低时，基质沥青呈玻璃态，体系黏度很大，降低了 SBS 分子的回弹速率，因此 SBS 改性沥青的 τ 较大，单位时间内表达的弹性也低；随着温度升高，沥青相逐渐变软，体系黏度下降，SBS 的松弛回弹愈发迅速，τ 逐渐减小，单位时间内表达的弹性也增强了。

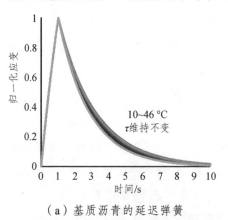

（a）基质沥青的延迟弹簧
蠕变回弹曲线

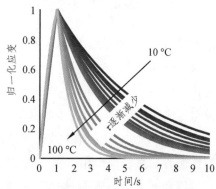

（b）SBS 改性沥青的延迟弹簧
蠕变回弹曲线

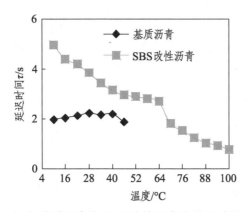

（c）基质沥青和 SBS 改性沥青的延迟时间

图 4-29 基质沥青和 SBS 改性沥青的延迟时间

Burgers 模型中的独立黏壶黏度 η_1 拟合结果如图 4-30 所示。随着温度升高，基质沥青的黏度逐渐下降，表明黏流变形逐渐占据主导地位。SBS 改性沥青则在 70 ℃ 左右表现出突变。70 ℃ 以下黏壶的黏度极大，表明沥青基本不发生黏性流动，呈现黏弹固体的特点。70 ℃ 以上，黏壶的黏度骤降，表明沥青开始软化并展现出一定程度的黏性流动，呈现黏弹液体的特点。

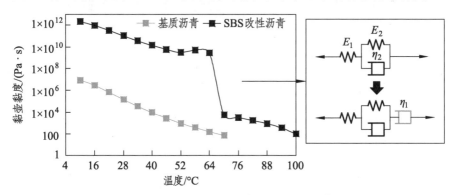

图 4-30 Burgers 模型中 η_1 的变化规律

4.4.4 基于宽温度扫描的相位角三阶段变化规律

前文提到，弹性恢复率三阶段变化现象实际上是基质沥青相弹性和

SBS 相弹性随温度发生变化的综合作用结果。相位角和弹性恢复率都可以作为表征沥青弹性的指标，因此在相位角随温度的变化趋势中也可以看到类似的三阶段变化行为。

对基质沥青、4.5%SBS 改性沥青、7.5%SBS 改性沥青进行温度扫描，检测其在不同温度下的相位角，结果如图 4-31 所示。在 – 30 ~ 30 °C（阶段 I），基质沥青基本处于玻璃态，SBS 分子的伸展与蜷曲受到限制，沥青的普弹性占据主导地位。因此该阶段内温度升高导致沥青整体相位角升高，表明弹性下降。30 ~ 90 °C（阶段 II），沥青逐渐开始软化，SBS 分子伸展和蜷曲受到的限制减少，高弹性逐渐显现。该阶段内温度升高导致沥青整体相位角下降，表明弹性增强。随着温度继续升高（阶段 III），SBS 和沥青都进入黏流态，黏性变形占据主导地位，相位角逐渐增大。可以看出相位角三阶段的变化规律与前文弹性恢复三阶段的变化规律符合得很好。Airey[23]，Lu 等[48]也报道过相位角随温度变化的三阶段行为（图 4-32）。

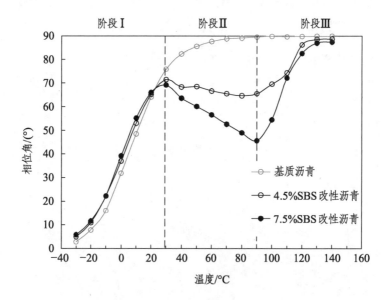

图 4-31 SBS 改性沥青的相位角随温度的三阶段变化规律

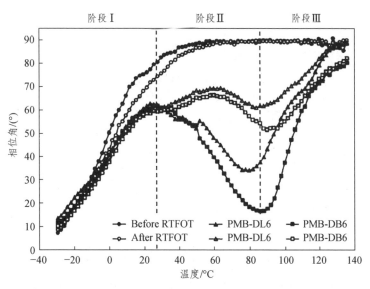

图 4-32 文献报道的 SBS 改性沥青的相位角温度扫描随温度的三阶段变化规律[49]

本书第 3 章讨论过，主曲线的结果与温度扫描结果相关性很高，两者曲线的形状非常相似，因此相位角三阶段现象在主曲线中也可以观测到，并且文献[50]中有诸多报道，典型结果如图 4-33 所示。大部分文献的测试温度区间较窄，因此如图 4-33 一样只能观测到三阶段的前两个阶段，即相位角随频率降低先上升后下降的阶段（弹性先下降后上升）。另外，当采用的改性沥青改性程度较低，阶段Ⅱ的下降程度不明显，多表现为一个平台。这种现象也常被称为相位角平台（phase angle plateau）。当改性剂掺量增大，改性效果提升，相位角在阶段Ⅱ和阶段Ⅲ的下降和上升程度也逐渐变得明显，形成一个凹谷（见图 4-34）。

若扩大主曲线的测试温度范围到 0 ~ 140 ℃，并结合本书所采用的 DS模型，则可以完整的观测到相位角先上升，后下降再上升的三阶段规律，相关结果如图 4-34 所示。注意阶段Ⅲ最后相位角再次下降是仪器惯性矩引起的误差，并非材料本身的行为。在对模量很小的样品（极高温）进行动态力学测试时，仪器容易将设备自身的惯性误判为材料的弹性，从而高估材料的弹性，得出偏低的相位角。这种误差被称为惯性矩误差，是动态力

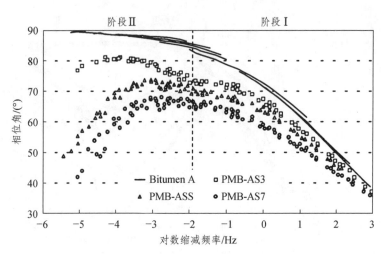

图 4-33　文献报道的 SBS 改性沥青的相位角主曲线随温度的三阶段变化规律[50]

学测试特有的误差[26]。笔者研究表明通过增大测试应变（提高信噪比）、及时校正仪器惯量等措施可以减少惯性矩误差，但总的来说极高温下的动态力学测试相对复杂，因此相较于动态力学测试，弹性恢复试验更容易捕捉到改性沥青完整的三阶段变化趋势。

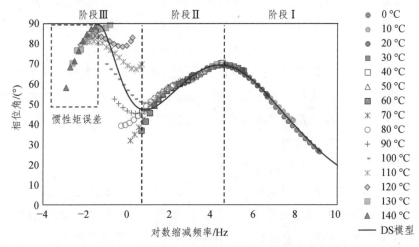

图 4-34　高黏沥青相位角主曲线三阶段变化规律

高黏沥青化学组成研究

沥青材料的化学成分与其路用性能有着千丝万缕的联系，研究者对沥青化学组成的探索从未停歇。沥青本质上是由多种低分子量有机聚合物组成的混合物，因此可以采用聚合物研究领域的表征手段对沥青的化学组成进行研究。最常用的几种表征手段有红外光谱、凝胶渗透色谱、核磁共振波谱、原子力显微镜等。在这些方法中，红外光谱试验具有制样简单、检测效率高、信息量大等优势，是目前道路沥青材料领域应用最多的化学性质表征方法之一。本章以衰减全反射红外光谱为主要手段，讨论 SBS 改性沥青和高黏沥青的化学组成及特征官能团。

5.1　红外光谱的基本介绍

5.1.1　原　理

红外光谱是聚合物领域最常用的化学表征测试手段[51]。红外吸收光谱是由分子不停振动产生的。进行红外光谱测试时，需要采用不同频率的红外射线对样品进行照射。当样品中某个特定的分子结构（官能团）振动的频率与红外射线的频率相等时，该频率的红外射线就会被选择性的吸收掉。样品中特定官能团的浓度越高，被吸收的红外射线就越多，在红外光谱上就会形成相应的吸收峰（absorption peak）。通过测量红外光谱上吸收峰出现的位置和强度，就可以对样品中不同的官能团进行定性以及定量分析[52]。红外光谱图的横坐标是频率（可以换算为波数），纵坐标是吸光度（可以换算为透光度）。

红外光谱是分子光谱的一种[53]。按照红外射线的波数不同，可以将红外光谱分为近（4 000 ~ 12 800 cm⁻¹）、中（400 ~ 4 000 cm⁻¹）、远（10 ~ 400 cm⁻¹）3 种类型，沥青材料常用的是中红外光谱。不同波长电磁频谱的分布形式以及红外光谱所处的位置如图 5-1 所示。傅立叶转换红外线光谱分析仪（Fourier Transform infrared spectroscopy，FTIR）则是指在仪器将光信号转化为数字信号时采用了傅立叶转换的处理方法，其原理与普通红外光谱扫描并无明显不同。

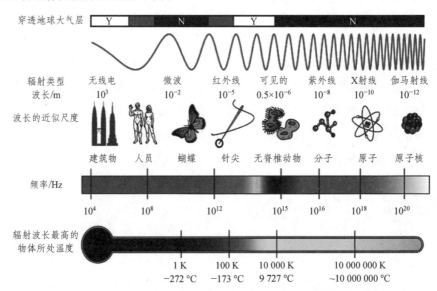

图 5-1　不同波长电磁频谱的分布形式[54]

分子中同一个基团可能具有数种不同的振动模式，因此会对应产生数个红外吸收峰。在中红外区主要有两大类振动模式，即伸缩振动和弯曲振动（变角振动），常用符号 ν 和 δ 分别表示。伸缩振动是指基团中的原子沿着价键方向来回振动，振动时键角不发生变化。伸缩振动又可以细分为对称伸缩振动和不对称伸缩振动。弯曲振动是指基团中的原子垂直于价键方向来回振动。弯曲振动又细分为剪式弯曲振动、面内摇摆振动、面外摇摆振动和扭曲变形振动。常见的沥青分子振动模式如表 5-1 所示，以 CH_2 基团为例，各种振动模式的示意图如图 5-2 所示。读者还可以通过如下链接查看不同模式分子振动的动画：http://www.chem.uwimona.edu.jm/spectra/jsmol/demos/IRmodes.html。

表 5-1　常见的沥青分子振动模式

类型	具体振动模式	英文名称
伸缩振动 （Stretching vibration，v）	对称伸缩振动	Symmetrical stretching
	不对称伸缩振动	Asymmetrical stretching
弯曲振动 （Deformation vibration，δ）	剪式弯曲振动	Scissoring
	面内摇摆振动	Rocking
	面外摇摆振动	Wagging
	扭曲变形振动	Twisting

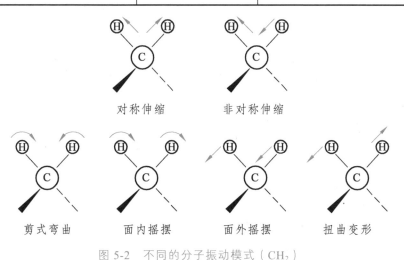

图 5-2　不同的分子振动模式（CH_2）

5.1.2　基于红外光谱的沥青研究应用

通过测量红外光谱上吸收峰出现的位置和强度，可以对样品中不同的官能团进行定性以及定量分析。定性分析是指通过吸收峰的有无来判断沥青中是否存在特定的官能团；定量分析是指在官能团存在的前提下，采用吸收峰的高度或者面积来量化该官能团在沥青中的浓度[55]。待研究的特征物质对应的吸收峰一般被称为特征峰。

基于红外光谱的定性以及定量分析功能，可以大致将红外光谱在道路沥青领域的应用分为三类：一是沥青化学组成与结构研究；二是沥青老化行为研究；三是 SBS 改性沥青中的 SBS 掺量检测。三种应用的主要内容如下：

（1）沥青化学组成研究是指对沥青光谱中的特征峰进行识别与标记，判断组成沥青的化学成分。通过特定的官能团含量可以计算沥青中芳香烃、环烷烃、脂肪烃等成分的比例[56]，并基于这些成分比例对沥青的基本化学组成进行描述，同时建立起化学组成与沥青胶体结构甚至力学性能之间的联系，从而起到判断沥青油源[57]、对沥青性能进行初筛[58]等功能。基于同样原理，还可以判断各类改性剂、添加剂对沥青化学性质以及胶体结构的影响[59]。

（2）沥青老化行为研究。老化是沥青服役过程中不可避免的行为。沥青作为一种有机物，在老化后会生成羰基等含氧官能团，通过跟踪含氧官能团的含量增长情况，可对沥青的老化程度进行表征。对于一些富含硫元素的，或是氧化程度较高的沥青，也可能生成亚砜和羧基等官能团。此时不仅要考虑羰基的增量，也要考虑其他含氧官能团的增量[60]。

（3）SBS 掺量检测。红外光谱在沥青领域应用广泛，还有一个重要原因是其对 SBS 聚合物改性剂非常敏感。一般而言，在不考虑存储稳定性与相容性的情况下，SBS 的掺量越高，沥青性能提升越明显。但 SBS 改性剂成本是基质沥青的数倍，难免出现缺斤少两的问题。为了确保改性沥青的路用性能，多地规范都对改性沥青中的 SBS 掺量设置了下限值（一般不低于 4.5%），由此也出现了一系列基于电化学[61]、分子量[62]、核磁共振谱[63]

和红外光谱[64]的 SBS 掺量检测技术。目前，红外光谱检测是其中较成熟的方法，并已纳入了最新的《公路工程沥青及沥青混合料试验规程》征求意见稿中。SBS 改性剂由聚丁二烯和聚苯乙烯两类链组成。这两类链在红外光谱中都有非常突出的特征峰。通过对特征峰的强度进行量化分析，即可检测 SBS 掺量。基于同样的原理，还可以评价改性沥青老化过程中的 SBS 降解情况[65, 66]。

5.2 衰减全反射法与透射法

5.2.1 ATR 法与透射法的原理对比

采用红外光谱对沥青进行测试时，一般有透射法和衰减全反射法（Attenuated Total Reflection，ATR）2 种不同的光谱收集模式[57]。透射法是传统方法，主要针对液体或溶液样品进行测试；ATR 法是较新的方法，可以在常温下直接对固体沥青样品进行检测，因此近些年来应用更广。透射法和 ATR 法的原理如图 5-3 所示，对应的实物配件如图 5-4 所示。

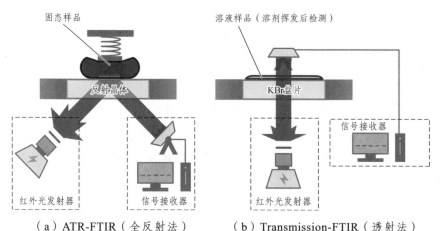

（a）ATR-FTIR（全反射法）　　　　（b）Transmission-FTIR（透射法）

图 5-3　ATR 法与透射法的原理对比

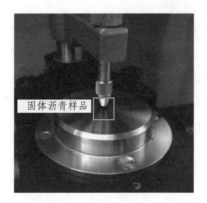

（a）ATR 法　　　　　　　　　（b）透射法

图 5-4　ATR 法与透射法 FTIR 所采用的配件

采用透射法时，样品制作方式主要有压片法、糊状法和薄膜法[53]。对于油状且不溶于水的沥青样品，一般采用薄膜透射法：首先将沥青溶解于适当的溶剂中，然后将沥青溶液滴在红外吸收峰较弱的盐片上，待溶剂挥发后可获得涂有均匀沥青薄膜的盐片。将盐片干燥后进行红外扫描即可得到红外光谱。透射法中常用的几种溶剂有三氯甲烷、二硫化碳、二甲苯等，常用的红外盐片有溴化钾、氯化钠和氟化钡[67]。采用薄膜法制得的透射样品薄片厚度取决于溶液的浓度和溶液滴加次数等因素。厚度太小会造成吸光度不足，太厚则会出现光线饱和吸收，因此样品的厚度需要谨慎控制，对试验人员操作水平要求较高。

透射法对某些特殊样品（如难溶、难熔、难粉碎的试样）的测试存在困难。为克服其不足，研究人员提出了 ATR 法[68]。ATR 法基于光内反射原理设计。从光源发出的红外光经过大折射率的反射晶体（一般采用硒化锌、金刚石或锗）再投射到折射率小的试样表面上，当入射角大于临界角时，入射光线就会产生全反射。事实上红外光并不是全部被反射回来，少部分红外光得以穿透到试样表面内一定深度后再返回（见图 5-3）。穿透进入试样内部的红外光与各分子结构发生共振并被部分吸收，未被吸收的红外光被仪器接收并分析，即可得出试样的红外光谱图。在采用 ATR 法进行检测时，只需要将适量沥青样品（1 g 左右）放置于反射晶体上，然后对样品施加一定压力保证其与反射晶体表面充分接触后即可开始试验。与透射法相比，ATR 法在保证同等分辨率的情况下具有所需样品少、扫描速度快和可以直接检测固体样品等优势，因此更多地受到沥青研究人员的青睐[69]。

5.2.2　ATR 法与透射法获得的光谱的区别

由于收集光谱的原理不同，ATR 法与透射法获得的光谱并不完全相同。测试时，透射法中的红外光需要完全穿透样品，而 ATR 法中红外光只会穿透样品一定深度，因此两者的光谱强度存在一定差别。ATR 法对样品的穿透深度由反射晶体折射率、样品折射率、红外光入射角以及红外光波长等变量共同决定。穿透深度的计算方法如式（5-1）所示[70]：

$$d = \frac{\lambda}{2\pi n_1 \sqrt{\sin^2 \theta - (n_2 / n_1)^2}} \tag{5-1}$$

式中，d 为穿透深度，m；λ 为波长，m；n_1 为反射晶体折射率，本研究采用的锗晶体约为 4.013；n_2 为样品折射率，对于沥青约为 1.635；θ 为红外光入射角，与设备有关，一般为 45°。

对于波长 λ 与波数 ν，还存在如式（5-2）所示的转换关系：

$$\lambda = \frac{10\,000}{\nu} \tag{5-2}$$

式中，λ 为波长，m；ν 为波数，cm^{-1}，常见红外光谱的检测范围约为 4 000 ~ 600 cm^{-1}。

根据式（5-1）与式（5-2）可以得出 ATR 法在 400 ~ 4 000 cm^{-1} 这一常见的红外光谱测试范围内的穿透深度变化情况，结果如图 5-5 所示。可以看出在整个红外光谱的扫描范围内 ATR 法的穿透深度发生了明显变化。4 000 cm^{-1} 和 400 cm^{-1} 处对应的穿透深度分别为 0.17 μm 和 1.7 μm，相差 10 倍。

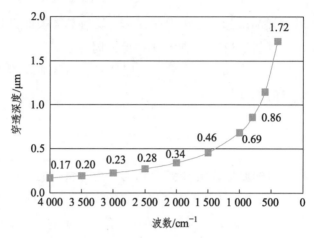

图 5-5　不同波数下的 ATR 扫描穿透深度

红外光谱吸光度强度与穿透深度呈正比例关系,因此 ATR 法获得的光谱强度在不同波数区域并不统一。波数小时穿透深度大、吸光度强;波数大时穿透深度小、吸光度弱,这也是 ATR 法与透射法的一大区别(透射法在不同波数处均需要完全穿透样品)。对同一沥青样品进行测试,ATR 法与透射法获得的光谱对比如图 5-6 所示。

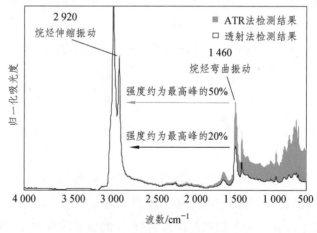

图 5-6　ATR 法与透射法获得的光谱的区别

常见道路沥青材料的最强红外特征峰是位于 2 920 cm^{-1} 处的烷烃伸缩

振动峰，因此多以该峰为基准对光谱图进行归一化处理。将透射法光谱和 ATR 光谱归一化后，可以看出 ATR 法与透射法获得的光谱在 2 000～4 000 cm⁻¹ 波数较高的区域基本重合。这段波数内 ATR 法的穿透深度变化幅度小，因此光谱强度增长不明显。波数小于 2 000 cm⁻¹ 后，ATR 法的穿透深度迅速增大，光谱强度也开始明显攀升，远超透射法的检测结果。对于绝大部分道路沥青而言，透射法光谱在 1 460 cm⁻¹ 处的烷烃弯曲振动峰强度只有 2 920 cm⁻¹ 峰强度的 20% 左右，而 ATR 法光谱则有约 50%。通过这一比例的区别可以快速区分 ATR 光谱和透射光谱。

为了消除透射法光谱与 ATR 光谱的差距，可以根据波数对 ATR 光谱的强度（吸光度）进行修正。由于吸光度与穿透深度呈正比关系，因此修正的基本思路是根据波数将吸光度归一化，修正原理如式（5-3）所示，ATR光谱经穿透深度校正后效果如图 5-7 所示。可以看出校正后 ATR 光谱与透射法光谱的差异明显减小。

$$A_{\text{corrected}} = \frac{A}{d} \tag{5-3}$$

式中，A 为原始吸光度；$A_{\text{corrected}}$ 为修正后的吸光度；d 为该峰处所对应的穿透深度。

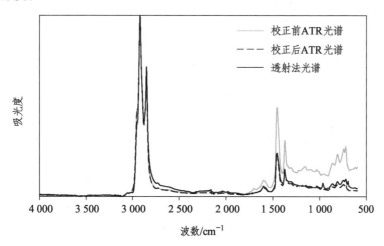

图 5-7　穿透深度校正前后的 ATR 光谱图

5.2.3 ATR 法在测试改性沥青时可能存在的变异性

对于基质沥青，ATR 法可以获得快捷准确的测试结果，但是对于微观分布呈两相的各种改性沥青，ATR 法的测试结果可能表现出一定的变异性。研究人员曾采用 ATR 对同一批高黏沥青样品连续进行了 10 次测试，结果如图 5-8 所示，可以看出 966 cm^{-1} 和 699 cm^{-1} 两个分别对应 SBS 聚丁二烯和聚苯乙烯链的特征峰的变异性都较大。ATR 变异性主要归因于其极浅的穿透深度。根据图 5-5 可知，ATR 红外光对沥青材料的穿透深度基本在 2 μm 以内[71]。这一极小的穿透深度影响了 ATR 对微观相态复杂的改性沥青的检测精度。

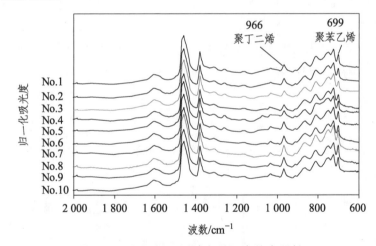

图 5-8　采用 ATR 测试高黏沥青的变异性

ATR 不仅穿透深度极小，其光谱扫描横截面积也非常小。对于本研究所采用的 Bruker Tensor 27 仪器，扫描断面直径约为 1.5 mm。换而言之，一次 ATR-FTIR 扫描试验只能检测到沥青表面深 2 μm，直径 1.5 mm 范围内总质量约为 3.5×10^{-6} g 的沥青。采用荧光显微照片展示了 ATR 的检测面积（见图 5-9），可见如此小的检测范围很难保证测试结果对样品内部的状态具有代表性。

根据 SBS 改性剂的种类、掺量，以及存储发育情况和制备工艺的不同，

SBS 改性剂会在改性沥青内部呈现出完全不同的颗粒大小与分布形式。这种微观相态结构的变异性可能会对 ATR 法的检测结果造成影响[72]。对于同一个 SBS 改性沥青样品，不同的测点内所包含的 SBS 改性剂含量可能完全不同，特别是对于 SBS 掺量较高的高黏沥青，其内部微观相态分布愈发不均匀，不同测点结果的变异性也越大。这使得 ATR 难以准确测量沥青中的 SBS 含量（或者浓度），在测试时要多加注意。

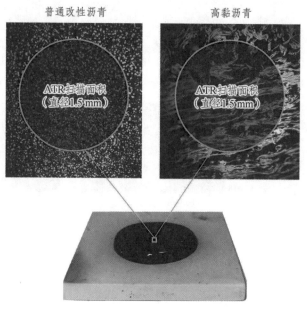

图 5-9　ATR 法的扫描面积

更麻烦的是，改性沥青的微观相态在高温下会发生显著变化，因此，发育、运输、存储、室内模拟老化等高温环境均会明显改变改性沥青的微观相态分布情况，进一步加剧检测的变异性。室内模拟老化前后 SBS 改性沥青与高黏沥青的微观相态观测结果如图 5-10 所示。可以看出老化后 SBS 粒子的粒径和分布形式都发生了巨大变化。2PAV 长期老化后，基本已经无法通过荧光显微肉眼观测到 SBS 粒子。

事实上，在聚合物研究领域，ATR 法主要用于表面化学研究，其测试结果对样品内部的状态本就不具备代表性。这也是诸多地方/行业标准和规范规定在测试沥青中 SBS 含量时，要求采用透射法而非 ATR 法的原因。透射法使用沥青溶液样品，测试面积较大且完全穿透样品，不会受到微观相态的影响，因此对于 SBS 含量的测试准确度高于 ATR 法。

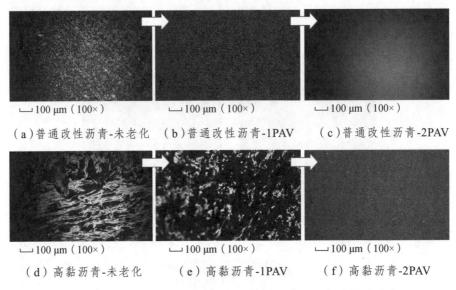

⌐ 100 μm（100×）	⌐ 100 μm（100×）	⌐ 100 μm（100×）
（a）普通改性沥青-未老化	（b）普通改性沥青-1PAV	（c）普通改性沥青-2PAV
⌐ 100 μm（100×）	⌐ 100 μm（100×）	⌐ 100 μm（100×）
（d）高黏沥青-未老化	（e）高黏沥青-1PAV	（f）高黏沥青-2PAV

图 5-10　老化对普通改性沥青和高黏沥青微观相态结构的影响

5.3　红外光谱半定量分析方法

5.3.1　水汽与二氧化碳对光谱的影响

进行光谱半定量分析前首先要去除水汽和二氧化碳对光谱的影响。水汽是空气的重要组成部分，强极性的水分子有很强的红外吸收峰。若不对空气中的水汽加以处理，会对样品红外光谱的识别和特征峰鉴定造成严重干扰。因此要尽量在干燥的环境中对干燥的样品进行测试。红外光谱设备闲置不用时，也应该放置在干燥的环境当中。可以在设备内部或附近放置吸水树脂与除湿机，有条件的话，建议设置独立的隔间，保证设备所处的环境长期干燥。

水分的红外光谱如图 5-11 所示。水中的羟基会在 $3\,100 \sim 3\,300\ cm^{-1}$ 和 $1\,600 \sim 1\,700\ cm^{-1}$ 引起强烈的特征峰，$1\,600 \sim 1\,700\ cm^{-1}$ 的信号会遮挡沥青中的芳香结构特征峰与羧基特征峰，对沥青测试结果造成较大影响，因此在测试过程中要尽量避免水分的影响。

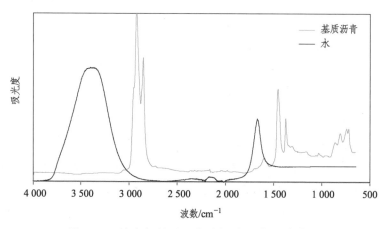

图 5-11　纯水与基质沥青的红外光谱测试结果

空气中的二氧化碳对红外光谱测试也会有一定影响，特别是采用 ATR 法时，若样品与反射晶体的接触不够紧密，有空气残存在样品与反射晶体之间，就会出现 CO_2 特征峰。二氧化碳对沥青红外光谱的影响如图 5-12

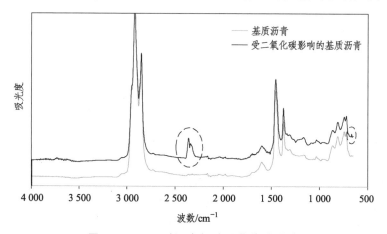

图 5-12　CO_2 对沥青红外吸收峰的影响

所示。CO_2 中的 $C\!=\!O$ 键有两个特征峰，分别是 667 cm^{-1} 处的面内和面外弯曲振动峰，以及 2 349 cm^{-1} 处的不对称伸缩振动峰。这两个特征峰与其他沥青官能团特征峰没有重叠，因此影响不大，但要注意避免将其误判为沥青的特征峰。常用的红外光谱分析软件 OPUS 和 Omnic 都自带水汽和二氧化碳校正功能。测试时仪器会记录空气中的水和二氧化碳的影响，样品测试完成后直接减去水汽和二氧化碳对应的光谱即可完成校正。

5.3.2 光谱的基线校正

光谱基线是指在没有样品时仪器检测到的光谱情况。理论上讲，基线应是水平的直线。但是在实际的检测过程中，检测电路、红外光源、光学系统等的热漂移会导致检测到的光谱干涉信号基线不是稳定的零值。这种现象就被称作基线漂移。检测器受潮、系统漏气、试验环境温度变化都会造成基线漂移，这些漂移一般表现为线性的向上或向下倾斜，有的也呈余弦条纹状[73]。

常用的红外光谱分析软件 OPUS 和 Omnic 自带原理简单的 rubber-band 基线校正功能。Rubber-band 是一种典型的分段处理方法。首先，按用户拟定的分段数量将整张光谱平均分割为长度相等的片段。然后将每个分段的吸光度最低值作为当前片段的基线点。最后采用线性拟合或多项式拟合将这些基线点连接在一起，即可确定 rubber-band 基线。可以看出 rubber-band 基线校正方法依赖于用户选择，不同的分段数量会对基线校正效果造成明显影响。

本节介绍一种化学计量学中常用的自适应迭代重加权惩罚最小二乘（adaptive iteratively reweighted Penalized Least Squares，airPLS）基线校正算法[74]。airPLS 是一种灵敏的自动化基线校正算法，它无需输入任何初始信息和限制条件即可通过迭代改变拟合基线与原始信号之间的总体方差在基线拟合目标函数中的权重，以此获得保真度和平滑度相平衡的基线校正效果。airPLS 算法包含两个方面的内容：一是采用惩罚最小二乘算法对信号的平滑过程；二是自适应迭代将惩罚过程转变成一个基线估计的过程[75]。

　　airPLS 是在惩罚最小二乘算法（Penalized Least Squares，PLS）的基础上改进开发的。PLS 是一种对光谱信号进行平滑处理的常见算法，其原理简单，运算量小，连续可控且易于快速交叉验证。PLS 的原理是在普通最小二乘算法（Original Least Squares，OLS）的基础上添加粗糙度惩罚项 λ，通过调整系数 λ 的大小在保真度以及平滑曲线粗糙度之间取得平衡。假设 x 是需要平滑的光谱向量，z 是平滑后光谱向量，它们的长度均为 m，z 对于 x 的保真度可以用二者间的误差平方和 F 表示，即

$$F = \sum_{i=1}^{m}(x_i - z_i)^2 \tag{5-4}$$

式中，x_i 为原始光谱在 i 位置（波数）的吸光度；z_i 为平滑后光谱在 i 位置（波数）的吸光度。

　　平滑向量 z 的平滑程度则可以用其差分平方和 R 表示，如式（5-5）所示。差分平方和 R 越小，z 表示的曲线越平滑。

$$R = \sum_{i=2}^{m}(z_i - z_{i-1})^2 = \sum_{i=1}^{m-1}(\Delta z_i)^2 \tag{5-5}$$

　　在平滑的过程中为同时保证平滑信号的保真度与平滑度，采用 F 与 R 的和作为目标函数。同时，设立差分平方和权重因子 λ 来控制平滑度所占的权重。λ 越大拟合曲线平滑度越高，但保真度也可能随之下降。PLS 法最终设置的目标函数 Q 如式（5-6）所示：

$$Q = F + \lambda R = \sum_{i=1}^{m}(x_i - z_i)^2 + \lambda\sum_{i=1}^{m-1}(\Delta z_i)^2 \tag{5-6}$$

　　此时平滑问题转化为寻找最优解 z 令 Q 最小化的问题。对 Q 求偏导并令其等于 0 即可求解得到平滑后的光谱曲线 z。由于 PLS 算法无法分辨光

谱信号中的噪声与特征峰，不能直接将目标函数 Q 用于基线校正。为采用 PLS 进行基线校准，还需要引入有效峰位的标记向量 W 用于区分光谱向量中的有峰段与无峰段[76]。一般而言，有峰段 W 设置为 0，无峰段设置为 1。设置标记向量 W 后，目标函数 Q 变化为

$$Q = WF + \lambda R = \sum_{i=1}^{m} w_i (x_i - z_i)^2 + \lambda \sum_{i=1}^{m-1} (\Delta z_i)^2 \qquad （5-7）$$

对该目标函数求偏导并令其等于零即可获得平滑向量 z，也就是校正后的光谱基线。基线向量 z 的求解过程为

$$z = (W + \lambda D^T D)^{-1} W x \qquad （5-8）$$

式中，D 是微分矩阵。

可以看出采用 PLS 算法进行基线校正时，需要研究者手动确定保真度的标记向量 W 来帮助算法分辨光谱信号中的峰位与基线。这种操作复杂，最终的区分效果也较差。基于 PLS 基线校正的局限性，Zhang 等[77]提出了通过自适应迭代过程自动确定标记向量 W 的 airPLS 算法。airPLS 算法采用与 PLS 算法相同的目标函数 Q，但是保真度权重向量 W 则通过不断迭代以自适应的方式获得。按照式（5-9）对 W 进行迭代计算。

$$w_i^t = \begin{cases} 0 & x_i \geqslant z_i^{t-1} \\ e^{\frac{t(x_i - z_i^{t-1})}{|d^t|}} & x_i < z_i^{t-1} \end{cases} \qquad （5-9）$$

式中，t 为迭代次数；d 为原始光谱向量 x 与平滑向量 z 的差值为负值的元素集合。

在式（5-9）所示的前 $t-1$ 次迭代过程中，平滑向量 z 都只是基线估计的一个候选值。如果当前 i 位置的光谱实测值大于 z 在该位置的平滑值，则该位置被视为处于光谱特征峰当中，其权重 w 会被设置为 0，使保真度惩罚在下一次的迭代中不起作用。权重 w 的终止条件可以设置为 $|d|$ 小于 $0.001 \times |x|$。在 airPLS 的算法过程中，迭代和重加权不断地自动执行，就可自动地、

逐渐地消除处于峰的位置之中的数据点，仅将基线保留下来。airPLS 法基线校正结果与 OPUS 程序自带校正结果对比如图 5-13 以看出 airPLS 的校正效果优于 OPUS 软件自带基线校正效果。OPUS 软件校正后，光谱在低波数区域仍然存在一定程度的基线上漂现象，校正效率不如 airPLS 算法。

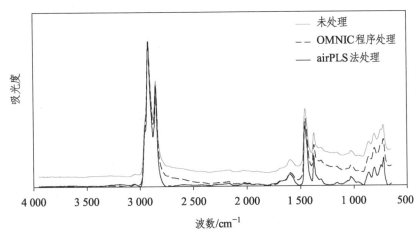

图 5-13　airPLS 基线校正与 OPUS 基线校正效果对比

5.3.3　光谱半定量分析原理

红外光谱并不是用于聚合物化学组成量化分析的最佳工具。对于较为纯净的化合物，采用核磁共振等试验手段往往能够获得更精确的定量分析结果。然而沥青是一种混合物，化学成分组成复杂，四组分之间也并不存在严格界限。难以通过精密手段做到准确的定量分析。红外光谱普适性强，探测灵敏且可以同时捕捉大量不同种类的官能团，因此才比较适用于沥青的化学组成定量分析。

基于朗伯-比尔定律（Lambert-Beer law）[78]，可以基于红外光谱对样品的官有团进行精度在 1% 的直接定量分析。但直接定量分析受到样品厚度与样品质量的影响，需要对样品厚度与质量进行精确校准，操作难度较大。实际操作过程中，研究人员往往采用更加简单实用的半定量分析(semi-quantitative analysis)。半定量分析的本质是用特征峰强度除以参考峰强度，计算获得特征峰指数。由于特征峰强度和参考峰强度都受到样品厚度和质量的影响，两者相除得到的特征指数便不再受到影响。如果说定量分析提供的是特定官能团的"绝对含量"信息，那半定量分析提供的则是特定官能团的"相对浓度"信息。在大部分应用场景下，"相对浓度"信息对于沥青的化学组成分析已经足够了。

5.3.4　参考峰的选择

特征峰指数的计算方法如式（5-10）所示，一般采用特征峰的面积除以参考峰的面积，偶尔也采用特征峰的峰高除以参考峰的峰高。

$$I = \frac{A_\mathrm{I}}{A_\mathrm{R}} \tag{5-10}$$

式中，I 为特征峰参数（Interested index）；A_I 为特征峰面积（Area of interested peak）；A_R 为参考峰面积（Area of reference peak）。

参考峰的选择对于半定量分析结果有重要影响，一般选择面积较大且不受特征官能团影响的峰作为参考峰。沥青中烷烃含量大，特征峰吸收强度高，因此研究人员常采用一个烷烃峰或几个烷烃峰的面积之和作为参考峰。在检测 SBS 改性沥青中的 SBS 掺量时，一般选择反式聚丁二烯链对应的 966 cm^{-1} 峰作为特征峰，同时选择 CH$_3$ 所对应的 1 376 cm^{-1} 峰作为参考峰。这是因为基质沥青中有大量的 CH$_3$ 而无反式聚丁二烯，而 SBS 中有大量的反式聚丁二烯却少有 CH$_3$（SBS 是长链高分子，以 CH$_2$ 结构为主）。966 cm^{-1} 峰的峰面积除以 1376 cm^{-1} 的峰面积即可表征 SBS 在沥青中的浓度。注意 966 cm^{-1} 和 1 376 cm^{-1} 峰只是特征峰最高点对应的波数，实际测算峰面积时还需要确定特征峰的起始波数范围。一般采用"波谷至波谷"法确定特征峰起点到终点的具体波数范围。966 cm^{-1} 峰对应的起止范围约为 925 ~ 980 cm^{-1}，1 376 cm^{-1} 的起止范围约为 1 325 cm ~ 1 390 cm^{-1}。特征峰的起止波数选择往往具有一定的主观性，半定量分析时应尽量保证起止波数统一，提高计算的合理性。

　　笔者在实际操作中发现 1 376 cm^{-1} 峰的起止范围较小（图 5-14），以其为特征峰时可能存在信噪比偏低，变异性较大的问题。基于此，笔者建议可以考虑采用更大的参考峰来进行 SBS 的掺量预测 [例如后文提到的 $A_{(600\sim4\,000)}$，即 600 ~ 4 000 cm^{-1} 范围内的所有峰面积]。参考峰的面积越大、范围越广，受其他特殊因素的影响越小，越趋于稳定。当 SBS 的掺量较低（<10%）且所选取的参考峰面积足够大时，即使 SBS 自身也含有参考峰官能团，对预测结果影响也并不大。

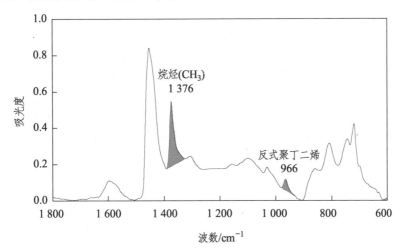

图 5-14　检测 SBS 掺量时特征峰和参考峰的选择方式

　　事实上，有很多相关研究的参考峰往往都很大且包含沥青中的绝大部分官能团，例如以下 3 种选取方式。

　　由 Yut 等[79]提出的：

$$A_{(600\sim4\,000)} \tag{5-11}$$

　　由 Lamontagne 等[56]提出的：

$$A_{1\,700} + A_{1\,600} + A_{1\,460} + A_{1\,376} + A_{1\,030} + A_{864} + A_{814} + A_{743} + A_{724} + A_{(2\,862\sim2\,953)} \tag{5-12}$$

　　由 Wu 等[80]提出的：

$$A_{(600\sim2\,000)} \qquad\qquad （5\text{-}13）$$

式中，A_{xxx} 为 xxx 波数所对应红外吸收峰的吸收面积。

以上 3 种参考峰取法示意如图 5-15 所示，可见它们的范围都比 1 376 cm⁻¹ 峰或者 966 cm⁻¹ 峰大得多，且均包含了不少基质沥青特征峰(例如 1 460 cm⁻¹ 峰、1 376 cm⁻¹ 峰、2 900 cm⁻¹ 峰)。

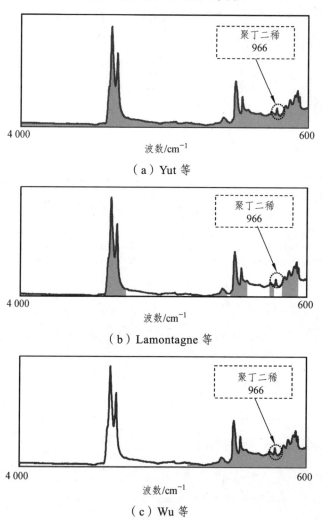

（a）Yut 等

（b）Lamontagne 等

（c）Wu 等

图 5-15　不同参考峰取法的示意

5.3.5 基于 Matlab 的批量化红外光谱半定量分析

红外光谱测试的效率极高，3 ~ 5 min 就可以完成一个沥青样品的测试，但采用 Omnic 或者 OPUS 软件对红外光谱进行半定量分析时，需要使用者手动选择特征峰的起止点，导致对光谱数据的分析效率较低（见图 5-16）。此外，对每一条光谱都要重新选点，难以保证起止点的统一性，使得不同样品之间的横向对比可信度较低。鉴于此，本书提出了基于 Matlab 的批量化红外光谱半定量分析方法。该程序以 Omnic 输出的 xlsx、csv 或 txt 格式数据为输入，可以采用统一的特征峰与参考峰点位同时处理 100 条光谱，并计算多个特征峰指数，为大批量红外光谱定量分析提供了条件。相关代码可以在西南交通大学教师主页中笔者的个人主页下载（https://faculty.swjtu.edu.cn/yanchuanqi/zh_CN/zdylm/739836/list/index.htm）。

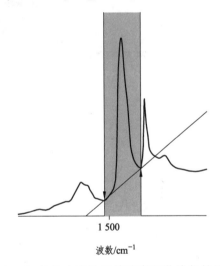

1 500

波数/cm^{-1}

图 5-16　Omnic 软件中手动拖拽确定吸收峰起始波数的方法

5.4　沥青与 SBS 中的主要官能团汇总

5.4.1　常用的沥青特征官能团

沥青是由成百上千种碳氢化合物和其他杂原子组成的复杂混合物，

化学组成十分复杂。然而沥青的基本化学组成又深刻影响着其物理性质和路用性能。典型基质沥青的红外光谱图如图 5-17 所示，官能团的详细信息如表 5-2 所示。红外光谱特征峰的位置会受到试验温度、湿度等因素干扰发生轻微波动，但是在本书的研究中变化并不明显，因此在此不予考虑。

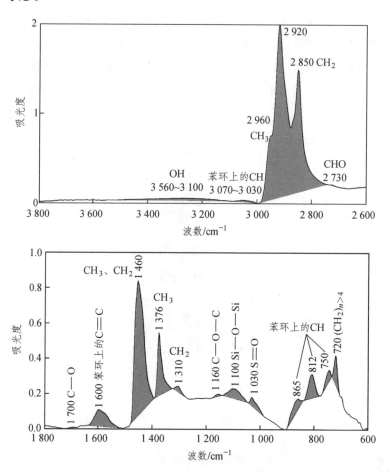

图 5-17 基质沥青的红外光谱图

表 5-2　沥青中常见官能团汇总

波数/cm^{-1}	官能团	代表物质	振动类型	大量出现该官能团的可能原因
3 560～3 100	OH	羟基	v	水、生物质（biomass）、改性剂降解、氧化
3 070～3 030	苯环上的 CH	苯环、芳香族化合物	v	沥青自带
2 960	CH$_3$	烷烃（甲基）	v	沥青自带
2 920	CH$_2$	烷烃（亚甲基）	v	沥青自带
2 850	CH$_2$	烷烃（亚甲基）	v	沥青自带
2 730	CHO	醛基		氧化
1 700	C＝O	羰基	v	氧化
1 600	苯环上的 C＝C	苯环、芳香族化合物	v	沥青自带、氧化
1 460	CH$_3$、CH$_2$	烷烃（甲基、亚甲基）	δ	沥青自带
1 376	CH$_3$	烷烃（甲基）	δ	沥青自带
1 310	CH$_2$	烷烃（亚甲基）	δ	沥青自带
1 160	C—O—C	醚键	v	生物质
1 100	Si—O—Si	硅氧键	v	灰分、胶粉中的炭黑
1 030	S＝O	亚砜	v	氧化
865	苯环上的 CH	1,2,4 取代苯环	δ	沥青自带
812	苯环上的 CH	1,2,4 和 1,4 取代苯环	δ	沥青自带
750	苯环上的 CH	1,2 取代苯环	δ	沥青自带
720	(CH$_2$)$_{n>4}$	亚甲基长链	δ	长链高分子改性剂

1. 烷烃官能团

只由碳、氢 2 种元素组成的有机化合物称作烃。没有不饱和键的链烃称为烷烃，含有苯环结构的烃称为芳香烃。沥青的主要化学成分就是烷烃、芳香烃以及两者的非金属衍生物，因此沥青的红外光谱特征峰也主要对应烷烃、芳香烃以及它们的衍生物。烃的分类如图 5-18 所示。

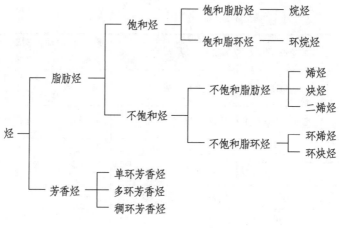

图 5-18　烃的分类

沥青中的烷烃官能团主要有 CH_3 和 CH_2 两种，对应的特征峰有 $2\,960\ cm^{-1}$，$2\,920\ cm^{-1}$，$2\,850\ cm^{-1}$，$1\,460\ cm^{-1}$，$1\,376\ cm^{-1}$，$720\ cm^{-1}$ 几种。烷烃的稳定性较好，在氧分子与热的作用下其结构和含量也不会发生明显变化。同时沥青中烷烃含量大，特征峰吸收强度高，因此研究人员常采用一个烷烃或几个烷烃特征峰的面积之和作为半定量分析的参考峰。

沥青中分子的支链越多，CH_2 越少，CH_3 越多。通过 CH_3 与 CH_2 的含量可以量化沥青中长链和支链的比例。Lamontagne 等[56]提出了如下的长链指数和支链指数计算方法：

$$长链指数 = \frac{A_{724}}{A_{1\,460} + A_{1\,376}} \tag{5-14}$$

$$支链指数 = \frac{A_{1\,376}}{A_{1\,460} + A_{1\,376}} \tag{5-15}$$

Kim 等[83]则提出了另一种分子链结构指数 MMHC（methylene plus methyl hydrogen to carbon ratio）。MMHC 越大，表明沥青分子的支化程度越大。MMHC 可根据式（5-16）计算：

$$MMHC = \frac{H_{-CH_3} + H_{-CH_3}}{C_{-CH_3} + C_{-CH_3}} = \frac{\dfrac{A_{1\,380}}{5} + \dfrac{A_{2\,920}}{7}}{\dfrac{A_{1\,380}}{15} + \dfrac{A_{2\,920}}{14}} \qquad (5\text{-}16)$$

式中，$A_{1\,380}$ 为烷烃 CH_3 对称边角峰；$A_{2\,920}$ 为烷烃 CH_2 反对称伸缩峰；5,7,14,15 为官能团中基于单位原子重量的氢原子、碳原子数目修正系数。

MMHC 描述了沥青中 CH_2 与 CH_3 上氢原子和碳原子的个数比。沥青中 CH_3 数量越多，MMHC 越接近于 3；CH_2 数量越多，MMHC 越接近于 2。MMHC 的值越小，表明分子链越长，分支越少。研究表明沥青黏附性自愈合的能力与 MMHC 呈明显的负相关关系，即 MMHC 越小，分子链分支越少，沥青分子更容易在裂缝界面间移动，从而具有更好的自愈合能力（见图 5-19）[84]。要注意的是，有的高分子改性剂（如聚乙烯）可能含有超长的 CH_2 主链，会引起 CH_2 含量的明显增长，因此 MMHC 对于改性沥青的适用性较差。

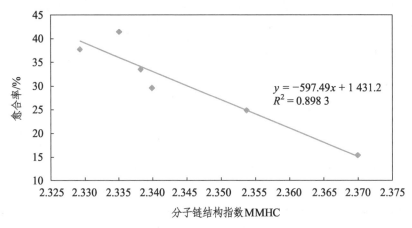

图 5-19　六种基质沥青 MMHC 与自愈合性能之间的关系

2. 芳香族官能团

拥有苯环结构的烃类称为芳香烃，其衍生物称为芳香族化合物。沥青中有大量的苯环结构，因此其光谱展示出大量的芳香族化合物官能团。芳香族化合物的稳定性弱于烷烃，易出现取代、缩聚等反应。另一方面，沥青中原本含有的环状烷烃结构在氧分子与热量的作用下也会转化为芳环。部分的改性剂中也含有芳香族官能团（例如 SBS 中的聚苯乙烯链），改性剂掺量较高时会引起改性沥青红外光谱中的芳香族特征峰强度增大。基于以上原因，沥青光谱的芳香族官能团特征峰强度容易发生波动，因此也出现了诸多针对芳香族特征峰强度的研究。Lamontagnea 等[56]提出了基于 1 600 cm^{-1} 特征峰强度的沥青芳香度计算方法：

$$芳香度指数 = \frac{A_{1\,600}}{\sum A} \qquad (5\text{-}17)$$

沥青可以分为饱和分、芳香分、胶质和沥青质四个组分。对沥青的四组分分别进行红外光谱检测可以发现（具体光谱见图 5-25），芳香分虽然名字中带"芳香"二字，但其所含的芳香族官能团并不多。按照芳香族化合物浓度高低，四组分排名如下：沥青质 > 胶质 > 芳香分 > 饱和分。沥青质和胶质中的芳香族化合物含量最高，这与沥青质与胶质中含有的大量稠环结构有关。沥青质与胶质的芳香度与极性都较大，因此沥青的极性往往和芳香度呈正相关，可以通过芳香度对沥青的极性进行预测。

3．含氧官能团（羰基、亚砜、羟基、醚键）

沥青中含有大量的碳，含碳有机物的主要氧化产物为酮、酸、醇、酸等含羰基的氧化物，它们的化学式与吸收光谱如图 5-20 所示。通过跟踪这些氧化物的增长情况，可对沥青的老化程度进行表征。除碳元素外，沥青分子中还含有少量的硫、氮等杂原子，它们在热和氧分子的作用下也会发生热氧老化，生成亚砜基、亚硝酸脂等物质。此时不仅要考虑羰基官能团的增量，也要考虑其他含氧官能团的增量。但有研究指出亚砜基的热稳定性较差，Miu 等[86]观察到基质沥青在 100 ℃ 环境下老化 20 ~ 30 h 后生成的亚砜官能团逐步开始分解，165 ℃ 环境下老化 5 ~ 10 h 后开始分解，亚砜官能团的损失比例一度达到 58%。Petersen[60]观测了 130 ℃ 与 60 ℃ 沥青薄膜老化过程中亚砜基的变化，发现其含量在老化进展过程中存在极大值。分析认为有两种可能，一是亚砜官能团进一步转化成其他官能团，另一种是亚砜官能团的分解。这些研究表明亚砜在高温下容易分解，因此不建议采用亚砜基含量来量化沥青的老化程度。

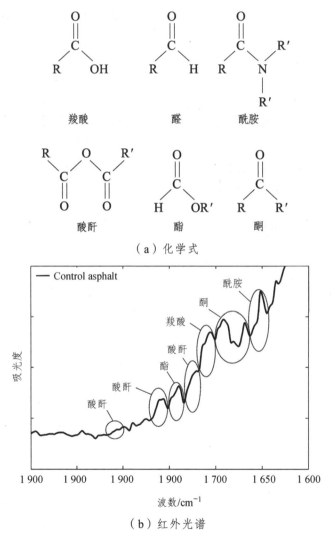

（a）化学式

（b）红外光谱

图 5-20　含羰基的官能团化学式及其红外光谱图[85]

除了羰基和亚砜基，沥青中还可能存在羟基和醚键等含氧官能团。基质沥青中如果观测到羟基,最大的可能性是样品在制备过程中混入了水分。长链高分子改性剂在降解时也可能出现少量的羟基。利用降解时出现的少量羟基,可以采用扩链剂对断链的聚合物进行修复。除此以外,羟基和醚键还经常出现在生物质改性沥青当中。特别是醚键,是生物质材料的典型特征吸收峰。

5.4.2 常用的 SBS 特征官能团

SBS 是工业合成产物,因此其化学组成和所含的官能团都比沥青简单得多。SBS 由聚苯乙烯和聚丁二烯两种链构成,其光谱也是聚丁二烯与聚苯乙烯各自光谱的简单叠加。典型的聚丁二烯、聚苯乙烯和 SBS 红外光谱如图 5-21 所示,可以看出 SBS 的光谱确实是聚丁二烯和聚苯乙烯光谱的叠加。

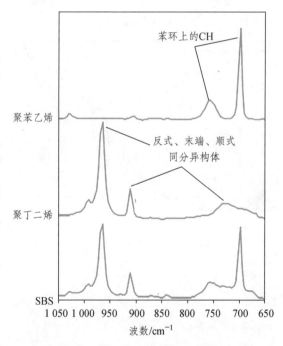

图 5-21 聚丁二烯、聚苯乙烯和 SBS 的红外光谱

　　SBS 中的聚苯乙烯结构稳定，没有同分异构体，因此其红外光谱也比较简单，在 750 cm^{-1} 和 699 cm^{-1} 处各有一个吸收峰，分别对应苯环上不同位置的单取代 CH。699 cm^{-1} 处的峰高而尖，即使在 SBS 的光谱中也非常明显，因此也是比较典型的 SBS 特征峰。750 cm^{-1} 处的峰在 SBS 中与顺式聚丁二烯在 730 cm^{-1} 的特征峰重合，因此用得比较少。

　　SBS 中的聚丁二烯链按照不同的分子构型，可以分为反式聚丁二烯（trans-PB）、顺式聚丁二烯（cis-PB）和末端聚丁二烯（vinyl-PB）3 种同分异构体。它们有着各自的红外特征吸收峰，分别为位于 966 cm^{-1}，730 cm^{-1}，910 cm^{-1} 处。对于常见的道改用 SBS 改性剂，聚苯乙烯与聚丁二烯的比值（S：B）一般是 3：7，而反式聚丁二烯、顺式聚丁二烯、末端聚丁二烯的比例大致为 5：4：1。因此 SBS 中所含的链与对应含量如图 5-22 所示。可以看出 966 cm^{-1} 和 699 cm^{-1} 对应的反式聚丁二烯和聚苯乙烯占比最高（35% 和 30%），因此它们也是表征 SBS 时最常用的两个特征峰。

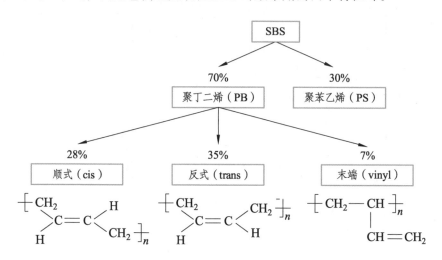

图 5-22　SBS 中所含的链与含量

　　纯 SBS 改性剂的红外光谱如图 5-23 所示，其所含各官能团的详细信息如表 5-3 所示。纯 SBS 改性剂的分子结构相对简单，因此其红外光谱特征峰数量明显少于基质沥青。SBS 的主链一般为直链，支链较少，因此 CH$_3$

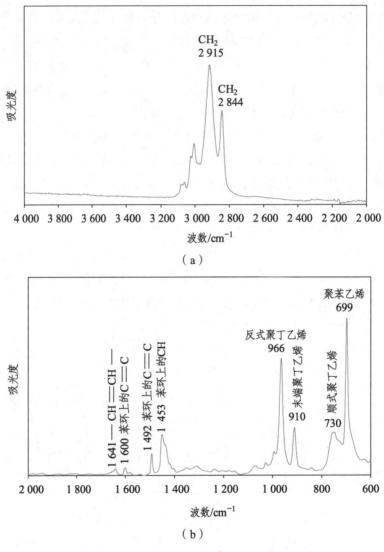

图 5-23　SBS 改性剂的红外光谱图

的特征峰较弱，CH_2 的特征峰较强（$2\,915\ cm^{-1}$，$2\,844\ cm^{-1}$）。但 SBS 的主链上 CH_2 与 $C=C$ 交替出现，因此没有$(CH_2)_{n>4}$ 连续长链特有的 $720\ cm^{-1}$ 吸收峰，SBS 中的聚苯乙烯链含有苯环结构，因此还具有一些芳香族官能团特征峰（$1\,600\ cm^{-1}$，$1\,492\ cm^{-1}$，$1\,453\ cm^{-1}$，$750\ cm^{-1}$，$699\ cm^{-1}$）。

另外，SBS 在 966 cm^{-1}, 910 cm^{-1}, 730 cm^{-1} 三处还有分别对应反式聚丁二烯、末端聚丁二烯和顺式聚丁二烯的特征峰。910 cm^{-1} 末端聚丁二烯的吸收峰较小，很少被用于研究 SBS。730 cm^{-1} 顺式聚丁二烯的吸收峰宽而弱，同时容易被聚苯乙烯的吸收峰以及沥青自身的吸收峰所掩盖，因此应用也比较少[87]。剩余的反式聚丁二烯在 966 cm^{-1} 处的吸收峰窄而尖，且吸收强度大，是最常用于表征 SBS 的特征峰[88, 89]。在不特殊说明的情况下，改性沥青红外光谱分析中所提到的聚丁二烯均指 966 cm^{-1} 处的反式聚丁二烯。除此以外，聚苯乙烯链在 699 cm^{-1} 位置处的特征峰也很明显，也可以用于标定 SBS。

表 5-3　SBS 中常见官能团汇总

波数/cm^{-1}	官能团	代表物质	振动类型
2 915	CH$_2$	烷烃（CH$_2$）	v
2 844	CH$_2$	烷烃（CH$_2$）	v
1 641	—CH=CH—	聚丁二烯	v
1 600	苯环上的 C=C	苯环、芳香族化合物	v
1 492	苯环上的 C=C	苯环、芳香族化合物	v
1 453	苯环上的 CH	苯环、芳香族化合物	δ
966	—CH=CH—（反式）	聚丁二烯（反式）	δ
910	—CH=CH—（末端）	聚丁二烯（末端）	δ
750	苯环上的 CH（单取代）	聚苯乙烯	δ
730	—CH=CH—（顺式）	聚丁二烯（顺式）	δ
699	苯环上的 CH（单取代）	聚苯乙烯	δ

5.5　典型沥青及改性剂的红外光谱图汇总

通过红外光谱可以对沥青的化学成分进行快速的判识。本节汇总了一些典型的沥青及改性剂材料的红外光谱图，并对其中的主要官能团进行了讨论。本节没有展示改性沥青的光谱图，因为绝大部分改性沥青是基质沥青与改性剂的物理混合，这意味着改性沥青的光谱就是基质沥青与改性剂的简单叠加。

5.5.1 基质沥青

克拉玛依、金山、中海、埃索四种基质沥青的光谱如图 5-24 所示。克拉玛依沥青采用的是环烷基原油,理化特性与其他几种石蜡基原油制得的沥青存在一定差别,从图 5-24 可以看出克拉玛依沥青在 1 700 cm^{-1} 处有一个不同于其他 3 种沥青的较强羰基吸收峰,可能是在制备过程中经历了氧化处理,另外 750 ~ 865 cm^{-1} 处的一系列苯环吸收峰也较弱,说明沥青中的芳香结构含量较低。除克拉玛依沥青外,其他 3 种基质沥青之间的差别并不大。

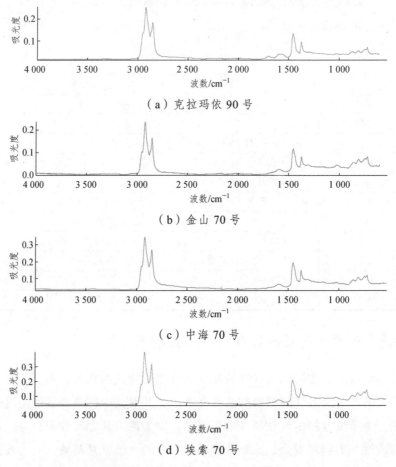

（a）克拉玛依 90 号

（b）金山 70 号

（c）中海 70 号

（d）埃索 70 号

图 5-24　克拉玛依、金山、中海、埃索基质沥青的红外光谱图

虽然这四种基质沥青采用了不同的油源，但都是通过类似的减压蒸馏工艺获得的，因此整体差别较小。想通过红外光谱直接判断基质沥青的油源、标号、力学性能等具有一定的难度。研究表明借助更为详尽的数据库和大数学分析方法可以获得更好的判定结果[58, 90]。

5.5.2　沥青四组分

将 70 号基质沥青进行四组分分离，然后分别对各个组分进行红外光谱分析，结果如图 5-25 所示。可以看出四种组分的光谱图呈现一种渐变的规律。饱和分的曲线整体最平，吸收峰的数量最少但峰形窄而尖，说明沥青中的化学组成简单、集中。芳香分、胶质、沥青质的曲线逐渐开始波动，吸收峰的数量增多且峰型变得宽而矮，说明其化学组成逐渐变得复杂。

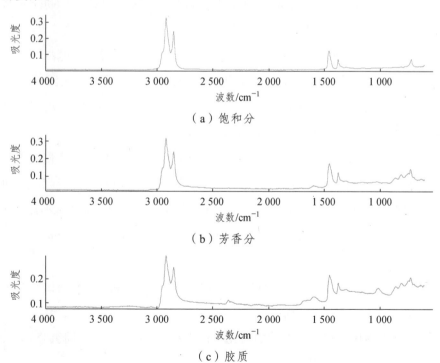

（a）饱和分

（b）芳香分

（c）胶质

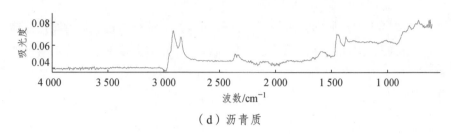

（d）沥青质

图 5-25　沥青的四组分红外光谱

　　沥青的饱和分只含有烷烃，因此只表现出 CH_3 和 CH_2 吸收峰，对应图中 $2\,850 \sim 2\,960\ cm^{-1}$，$1\,376 \sim 1\,460\ cm^{-1}$ 以及 $720\ cm^{-1}$ 几处的烷烃吸收峰。其中 $720\ cm^{-1}$ 对应的 $(CH_2)_{n>4}$ 长链吸收峰最弱。这是因为沥青的相对分子量较小，碳链普遍较短。

　　芳香分除了含有烷烃，还含有少量的芳香族化合物，因此芳香分的几处烷烃吸收峰强度略低于饱和分，但增加了 $3\,030 \sim 3\,070\ cm^{-1}$，$1\,600\ cm^{-1}$，$750 \sim 865\ cm^{-1}$ 几处苯环吸收峰。

　　胶质的表现与芳香分类似：烷烃比例继续下降，苯环吸收峰强度继续增大。在 $3\,100 \sim 3\,560\ cm^{-1}$，胶质还表现出微弱的羟基官能团，以及 $1\,700\ cm^{-1}$ 的羧基官能团、$1\,030\ cm^{-1}$ 的 $S{=\!=}O$ 亚砜官能团。这些官能团增大了胶质的极性，赋予了沥青特有的黏附性。

　　沥青质的芳香度进一步上升，$750 \sim 865\ cm^{-1}$ 处的苯环吸收峰强度甚至已经超过了 $2\,850 \sim 2\,960\ cm^{-1}$，$1\,376 \sim 1\,460\ cm^{-1}$ 两处的烷烃吸收峰。同时，常温下的沥青质为硬脆固体，测试时容易与 ATR 反射晶体接触不良，导致信噪比下降，光谱上出现了很多锯齿状噪声与二氧化碳信号（$667\ cm^{-1}$、$2\,349\ cm^{-1}$）。

　　根据以上的红外光谱分析可以看出沥青四组分都主要由不同比例的烷烃与芳香族化合物组合而成，并没有严格的区分界限。饱和分、芳香分、胶质、沥青质中芳香族化合物的占比逐渐提高，最终引起了不同组分硬度、黏度、极性等理化性质的区别。

5.5.3 烷烃油与芳烃油

为了进一步说明四组分中饱和分的化学组成，对比了沥青饱和分与工业用的烷烃溶剂油的光谱图，结果如图 5-26 所示。可以看出两者的光谱基本一致。烷烃溶剂油的分子量小于饱和分，因此其 $720\ cm^{-1}$ 处的 CH_2 长链吸收峰也更小。在生产 SBS 改性沥青时常需要添加各类低分子量的油类来促进 SBS 溶胀。SBS 中难以充分溶胀的主要是聚苯乙烯链，需要更多地采用同样具有苯环结构的芳烃油进行溶胀，但有时也会采用不具备苯环结构的烷烃油或环烷油。烷烃油极性小，与沥青的差别较大，往沥青中添加过量的烷烃油有渗油的风险。

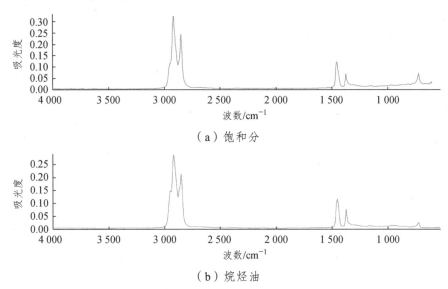

（a）饱和分

（b）烷烃油

图 5-26　沥青饱和分和工业用烷烃油的红外光谱

沥青芳香分与工业用芳烃填充油的红外光谱检测结果如图 5-27 所示。芳烃油最主要的应用场景是在橡胶制备工序中软化填充橡胶，起到降低橡胶黏度、方便加工成型的效果，因此芳烃油也被称为橡胶操作油、橡胶填充油或者橡胶油。SBS 也是一种橡胶，因此常在 SBS 改性沥青生产过程中添加芳烃油帮助 SBS 溶胀，提高成品改性沥青的延度和稳定性。沥青常用芳烃油的主要来源之一是石油炼化中的糠醛抽出油，因此也常被称为糠醛抽出油或抽出油。可以看出芳香分和芳烃油的光谱图基本一致，说明添加芳烃油实际上起到了补充芳香分的作用。芳香分含量高的基质沥青适宜于生产 SBS 改性沥青，这与实际生产经验是一致的。

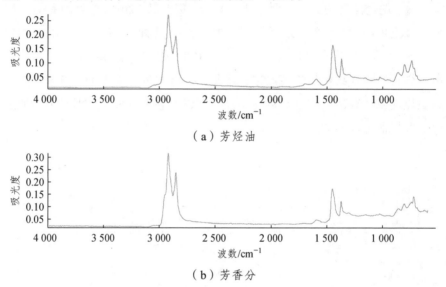

（a）芳烃油

（b）芳香分

图 5-27　工业用芳烃油和沥青芳香分的红外光谱图

5.5.4　废弃机油残留物

废弃机油残留物（Recycled Engine Oil Bottom，REOB）的红外光谱图如图 5-28 所示。REOB 也是改性沥青实际工业生产中会使用到的一类石油基油类添加剂，主要起到降黏的作用。注意 REOB 并非废弃机油，而是废弃机油经过收集，精炼回收其中可以再利用的基础油后剩余的一种黑色稠状物。REOB 与沥青同属于石油产品衍生物，因此其基本组成相近，红外光谱也有诸多相似之处，但机油中基本不含苯环等芳香族化合物，因此REOB 中也没有苯环吸收峰。

在 $1\,229\ \mathrm{cm^{-1}}$ 处，REOB 有一处小而尖的聚异丁烯（PIB）吸收峰。

PIB 是汽车机油中常用的添加剂，可以起到润滑和减少积碳的作用。有研究认为 REOB 的加入可能会导致沥青低温性能变差，因此需要控制 REOB 的掺量，此时 PIB 峰可以作为检测 REOB 的特征峰[91]。目前，我国 REOB 的应用尚无行业规范，其对低温性能的影响可能与其极高的烷烃含量有关。沥青中烷烃含量过大可能导致蜡结晶与析出，从而增大低温开裂风险。REOB 对沥青性能的影响还有待更多研究。

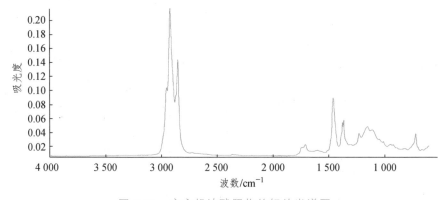

图 5-28　废弃机油残留物的红外光谱图

5.5.5　生物油

常见生物油的红外光谱图如图 5-29 所示。作为一种生物质，生物油中有大量的烷烃结构，在 2 960 cm^{-1}，2 920 cm^{-1}，2 850 cm^{-1}，1 460 cm^{-1}，1 376 cm^{-1}，726 cm^{-1} 处有典型的烷烃吸收峰，此外在 1 748 cm^{-1} 处有非常强的羧酸吸收峰，在 1 160 cm^{-1} 处有非常强的醚键吸收峰。大量的羧酸和醚键是生物质材料的典型特征。

生物油是近些年来的研究热门。通过可再生的生物沥青取代不可再生的石油基沥青，可以有效促进沥青路面建设可持续发展。但生物油在工程中的应用目前尚未推开，这可能与其独特的化学组成有关。沥青、烷烃油、芳烃油、机油、REOB 都是由石油炼化工艺生产的石油基产品，因此其光谱相似度很高，基本是不同比例烷烃与芳香族化合物的组合。

生物油不是来自石油炼化，而是由生物质裂解而来，与传统石油基产品的组成和光谱差别较大，其与沥青的相容性和对沥青胶体结构的影响也需要更多的研究。

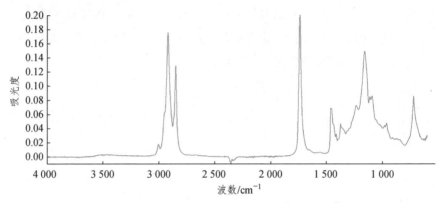

图 5-29　常见生物油的红外光谱图

5.5.6　道路改性用 SBS

　　4 种道路改性常用的 SBS 改性剂光谱图如图 5-30 所示。不同 SBS 改性剂的化学组成非常接近，基本都是聚丁二烯链与聚苯乙烯链的结合，且两者的嵌段比（$S:B$）均为 3∶7，因此 4 种 SBS 的光谱图非常接近。它们的区别主要体现在分子结构（星型、线型）、分子量和充油率上。791H 和 6302 两种线型 SBS 的光谱图基本重叠。791H 线型 SBS 与沥青的相容性好，改性效果良好，是目前工业应用最多的 SBS 改性剂。T161B 是星型 SBS，在 3 400 cm⁻¹ 处呈现出独特的羟基吸收峰，这可能与星型 SBS 特有的偶联生产工艺有关。

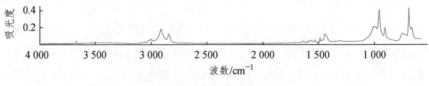

（a）台湾李长荣线型-3501

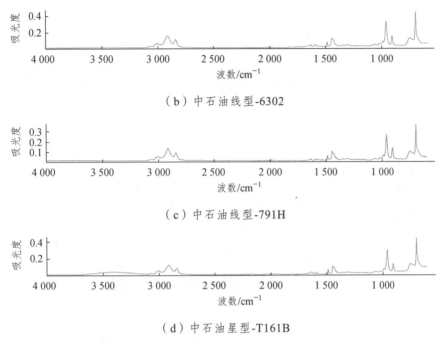

（b）中石油线型-6302

（c）中石油线型-791H

（d）中石油星型-T161B

图 5-30　4 种常用 SBS 改性剂的红外光谱图

5.5.7　SBR

丁苯橡胶（SBR），又称聚苯乙烯丁二烯共聚物，也是道路沥青领域常用的一种改性剂。SBS（牌号 791H）与 SBR（牌号 1502E）的红外光谱如图 5-31 所示。可以看出 SBR 与 SBS 的光谱非常相似，这是因为 SBR 同样是由丁二烯和苯乙烯为单体聚合而成的。SBR 与 SBS 的化学组分基本一致，区别主要在链结构和分子量上。SBR 分子链上的苯乙烯和丁二烯分布杂乱无章，不像 SBS 中两种高分子链分别集中在一起，形成嵌段的结构。另外 SBR 的分子量明显小于 SBS，这些区别使得 SBR 更难自发物理交联形成弹性网络结构。SBR 对沥青高温性能的提升有限，但对低温性能改善明显，在我国高寒地区应用较为广泛。

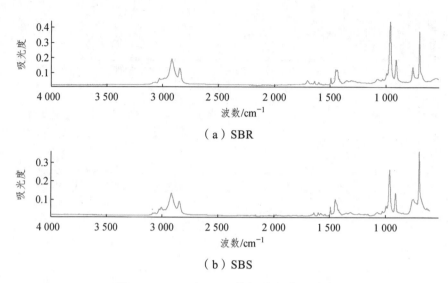

图 5-31　SBS 与 SBR 的红外光谱图对比

5.5.8　SIS 与 SEBS

　　除 SBS 外，研究人员也尝试采用一些其他的嵌段聚合物进行沥青改性。典型的代表有 SIS 与 SEBS。两者的硬段同为聚苯乙烯（S），中间连接的软段则分别是聚异戊二烯（I）和聚丁二烯加氢得到的聚乙烯（E）和聚丁烯（B）共聚物，故称为 SIS 和 SEBS。SIS（中石化 YH-1105）与 SEBS（中石化 502T）的红外光谱如图 5-32 所示。

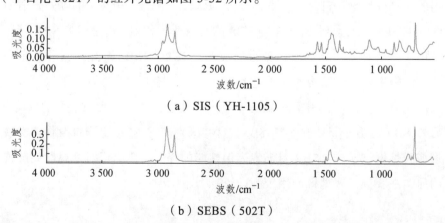

（a）SIS（YH-1105）

（b）SEBS（502T）

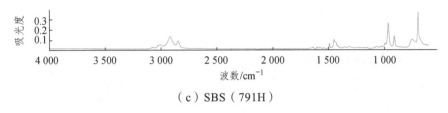

（c）SBS（791H）

图 5-32　SBS、SIS 与 SEBS 红外光谱图

SIS 不含聚丁二烯链，因此其红外光谱也不含聚丁二烯特征峰（966 cm^{-1}，910 cm^{-1}，730 cm^{-1}）；699 cm^{-1} 的聚苯乙烯特征峰则不受影响，依然十分明显。另外，不同于聚丁二烯，聚异戊二烯具有 CH$_3$ 侧基，因此在 2 960 cm^{-1}，1 376 cm^{-1} 处有明显的 CH$_3$ 吸收峰，在 1 460 cm^{-1} 处也有明显的肩峰。CH$_3$ 侧基的存在降低了分子链的规整性和结晶趋向，使得分子链具有更好的柔性；此外，CH$_3$ 的推电子力使得与之相连的碳碳双键的电子云密度增大，α—CH$_2$ 的氢原子更加活泼，链的活化程度更高。因此 SIS 具有良好的柔性和黏附性，主要应用在胶水等黏接剂领域。SIS 改性沥青的柔性、相容性很好，但弹性和模量不如 SBS 改性沥青。

SEBS 是直接由 SBS 加氢制得的。在催化剂环境下对 SBS 定向加氢，使得原本含有不饱和碳碳双键的聚丁二烯氢化成饱和的聚乙烯和聚丁烯链（类似的，SIS 也可以加氢获得 SEPS）。加氢处理后，SEBS 中的聚丁二烯特征峰（966 cm^{-1}，910 cm^{-1}，710 cm^{-1}）全部消失，720 cm^{-1} 处出现了新的 CH$_2$ 长链吸收峰，1 376 cm^{-1} 处出现了新的 CH$_3$ 吸收峰，分别对应新生成的亚甲基与甲基。聚苯乙烯不受加氢影响，因此 699 cm^{-1} 处仍能观测到明显的吸收峰。

SBS 改性剂中的碳碳双键是一把双刃剑，一方面碳碳双键降低了与之相连的碳碳单键的内旋转能垒，使碳碳单键更容易发生旋转，主链更加柔顺，并表现出高弹性；另一方面碳碳双键化学性质活泼，容易在氧分子作用下发生老化降解，导致 SBS 不耐老化。加氢处理使得 SEBS 的抗老化性能明显提升，但柔性、弹性以及与沥青的相容性下降。另外，SEBS 的成本明显高于 SBS，目前在实际工程应用中的相对较少。

5.5.9 高黏改性剂

随着排水路面的大规模推广，高黏沥青的应用逐渐增多，市场上出现了很多高黏改性剂产品，可以明显提升沥青的黏度。高黏改性剂可以采用湿法添加到沥青中，也可以采用干法在混合料拌和时直接添加到拌和楼内，这对高黏改性剂与沥青的相容性要求比较高。市场上常见的高黏改性剂 A 的红外光谱图如图 5-33 所示。在指纹区范围内（400 ~ 1 300 cm^{-1}），高黏改性剂 A 的光谱与 SBS 非常接近，说明高黏改性剂的主要成分为 SBS。同时看出高黏改性剂 A 的烷烃吸收峰（2 850 cm^{-1}，2 920 cm^{-1}，2 960 cm^{-1}，1 376 cm^{-1}）强于 SBS，并具有一系列的苯环吸收峰（750 ~ 865 cm^{-1}），这说明高黏改性剂中可能还含有一定比例的烷烃/芳烃成分。用高黏改性剂光谱减去 SBS 的光谱，发现剩余的光谱与烷烃油/芳香油的光谱非常接近，说明高黏改性剂中可能掺入了少量烷烃油/芳香油用于帮助高黏改性剂在沥青中的溶解。

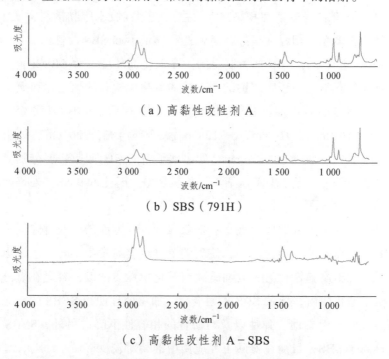

（a）高黏性改性剂 A

（b）SBS（791H）

（c）高黏性改性剂 A－SBS

图 5-33　高黏改性剂的红外光谱图

5.5.10 聚乙烯类改性剂

聚乙烯（PE）可以显著提升沥青的模量，因此常被用作路面抗车辙剂。但 PE 的分子结构过于规整，在低温下容易结晶析出，对路面的抗裂性能有负面影响，因此使用时需要控制掺量。根据 PE 的密度不同，可以分为高密度聚乙烯（HDPE）和低密度聚乙烯（LDPE），两者的化学组成没有区别，主要是分子量的差异。HDPE 的分子量大于 LDPE，对模量的提升效果更明显，但与沥青的相容性更差。

PE 的光谱如图 5-34 所示。PE 是一种分子结构简单的烷烃聚合物，因此其特征峰也非常简单，主要是 2 960 cm^{-1}，2 920 cm^{-1}，2 850 cm^{-1}，1 460 cm^{-1} 和 720 cm^{-1} 几处的烷烃吸收峰。可以看出 PE 的光谱与沥青饱和分的光谱较为接近，因为它们都只含有烷烃。但 PE 峰形更窄更尖，说明其分子结构更加单一。另外 PE 没有 1 376 cm^{-1} 处的 CH$_3$ 的吸收峰，说明 PE 基本不含 CH$_3$，主要是 CH$_2$ 长链结构。PE 在 730 cm^{-1} 处还有一个饱和分没有的 CH$_2$ 长链结晶特征峰，归因于 PE 高分子特有的结晶行为。环境温度越低，PE 分子链越规整，结晶程度越高，这个峰越明显。这些现象都符合 PE 作为结晶高分子的本质。

除了基于 SBS 的高黏改性剂，市场上还有一些基于 PE 的高黏改性剂，典型产品高黏改性剂 B 的光谱如图 5-34 所示。可以看出高黏改性剂 B 的主要成分与 PE 非常相似。此外高黏改性剂 B 在 1 720 cm^{-1} 处有 PE 所没有的强羧酸吸收峰，这可能是对 PE 进行羧基化处理的结果。普通 PE 改性剂的分子量较大，与沥青的相容剂较差，对 PE 进行羧基化处理可以提高其极性，提高其与沥青的相容性。PE 类高黏改性剂可以有效提升沥青黏度，且具有一定的温拌效果（PE 在高温下熔化从而降低沥青黏度），但 PE 在低温下会结晶析出，对低温抗裂性能有一定负面影响。

基于 PE 在高温下熔化的原理，还可以制备温拌剂，如典型的 Sasobit 温拌剂。Sasobit 的红外光谱同样列在图 5-34 中。Sasobit 是一种采用费托工艺制得的碳原子数在 100 左右的合成蜡。其分子量远小于普通 PE，但从化学本质上来讲，Sasobit 和 PE 都是直链烷烃，因此两者的红外光谱特征峰基本一致。唯一的区别在于 Sasobit 的分子链更短，因此分子链两端的 CH_3 基团占比更高，对应的在 2 960 cm^{-1} 处有轻微的 CH_3 吸收峰。Sasobit 在 100 ℃ 左右熔化，可以有效降低沥青在 100 ℃ 以上的黏度，提高施工和易性。但类似的，Sasobit 在低温下会结晶，对低温抗裂性能有一定负面影响。

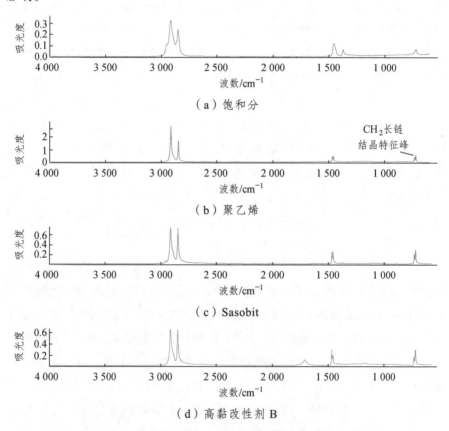

（a）饱和分

（b）聚乙烯

（c）Sasobit

（d）高黏改性剂 B

图 5-34　沥青饱和分、聚乙烯、Sasobit、高黏改性剂 B 的红外光谱图

5.5.11　EVA

PE 是市场上产量最大且应用范围最广的通用塑料，但结晶的问题影响

了其在低温下的使用性能。为了解决 PE 的结晶问题，研究人员开发了乙烯-乙酸乙烯共聚物（EVA）。采用 EVA 对沥青进行改性可以有效提升沥青的各方面性能。EVA 改性沥青在欧美市场应用较多，大约占据 25% 的份额，在国内的应用不及 SBS 改性沥青。EVA 是由线型 LDPE 与醋酸乙烯（VA）在高温高压下共聚而成的。EVA 的分子结构如图 5-35 所示。通过在 LDPE 中引入醋酸乙烯基团打乱 PE 原本规整的结构，从而降低了其结晶度，提升其韧性与抗裂性能。醋酸乙烯掺量越高，EVA 的结晶度越低、硬度越小、柔性越好。

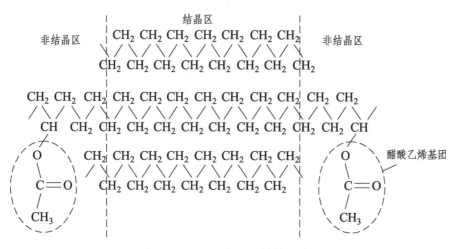

图 5-35　EVA 的分子结构示意

国内根据醋酸乙烯含量的不同，将 EVA 共聚物分为 EVA 树脂、EVA 橡胶和 EVA 乳液。醋酸乙烯含量小于 40% 的产品为 EVA 树脂；醋酸乙烯含量为 40%~70% 的产品柔韧且富有弹性，称为 EVA 橡胶；醋酸乙烯含量为 70%~95% 的产品通常呈乳白或微黄的乳液状态，称为 EVA 乳液。欧美等地区常将 EVA 橡胶用于道路改性，可以获得同 SBS 近似的效果。

EVA 的光谱图如图 5-36 所示。不难推测，其光谱是 PE 与醋酸光谱的叠加，因此与 PE 相关的特征峰在此不再赘述。1 020 cm^{-1} 和 1 236 cm^{-1} 的两个尖峰对应醋酸乙烯基团中的酯基（CO）伸缩振动。1 720 cm^{-1} 处对应羰基的伸缩振动。1 376 cm^{-1}处则对应醋酸乙烯中的 CH$_3$。醋酸乙烯的加入明显降低了 EVA 的结晶度，因此与 PE 相比，EVA 在 730 cm^{-1}处的结晶特征峰强度明显降低。

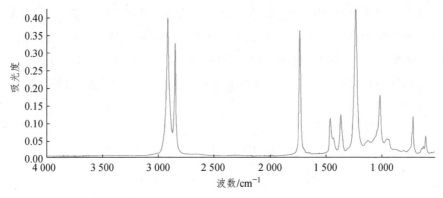

图 5-36　EVA 改性剂的红外光谱图

5.5.12　橡胶颗粒

从废旧轮胎中回收的橡胶颗粒也是常见的沥青改性剂。但普通轮胎橡胶的硫化程度较高，与沥青的相容性较差，在沥青中溶胀不充分，容易导致离析。为了提高橡胶颗粒在沥青中的相容性，可以采用脱硫橡胶颗粒。脱硫橡胶颗粒的硫化程度低，与沥青的相容性更好，但对沥青力学性能的改善也相对弱一些。普通橡胶颗粒和脱硫橡胶颗粒的红外光谱如图 5-37所示。橡胶颗粒主要由长碳链组成，所以在 2 920 cm^{-1}，2 850 cm^{-1}，

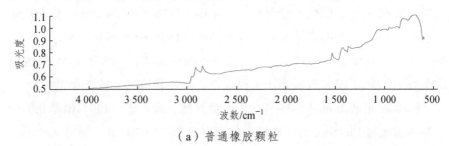

（a）普通橡胶颗粒

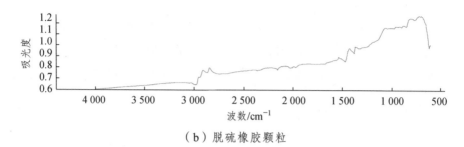

（b）脱硫橡胶颗粒

图 5-37　普通橡胶颗粒与脱硫橡胶颗粒的红外光谱图

1 460 cm^{-1} 和 1 376 cm^{-1} 等处展示烷烃吸收峰。另外注意，普通橡胶颗粒在 1 536 cm^{-1} 处有很强的吸收峰，但脱硫后其强度明显降低。1 536 cm^{-1} 处的吸收峰可能是酰胺或碳碳双键引起的，其峰强度下降表明脱硫后橡胶分子内部交联的减少。

5.5.13　表面活性剂温拌剂

由于蜡类温拌剂有结晶和低温性能不佳的问题，目前工业应用更多的是表面活性类温拌剂。表面活性剂促进了沥青与石料的裹覆，帮助沥青更好地起到润滑石料的作用，进而促进路面的压实。表面活性剂温拌剂的红外光谱如图 5-38 所示。表面活性剂在 2 920 cm^{-1}，2 850 cm^{-1}，1 460 cm^{-1} 处有明显的吸收峰，说明其含有较多的烷烃结构。1 650 cm^{-1} 与 1 530 cm^{-1} 处的特征峰则分别对应苯环结构和硝基结构。市场上主要的表面活性类温拌

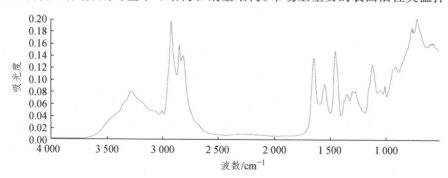

图 5-38　表面活性剂的红外光谱图

剂都是胺类表面活性剂。因此其光谱在 3 000 ~ 3 600 cm^{-1} 有个非常强的胺吸收峰。胺的特征峰本应该高而尖，但受温拌剂中羟基的影响，此处胺的特征峰变得比较宽。可以看出表面活性剂的化学组成远比蜡类温拌剂复杂。

5.5.14 稀释类温拌剂

市场上使用的某种稀释类温拌剂的光谱如图 5-39 所示。稀释类温拌剂的光谱与烷烃油/芳烃油非常相似，说明其主要成分为溶剂油，其温拌作用机理主要是稀释降黏。此外，稀释类温拌剂在 966 cm^{-1} 和 699 cm^{-1} 处有较小的吸收峰，说明其中还含有少量的 SBS 或 SBR 改性剂，用于弥补稀释所带来的沥青高温性能损失。

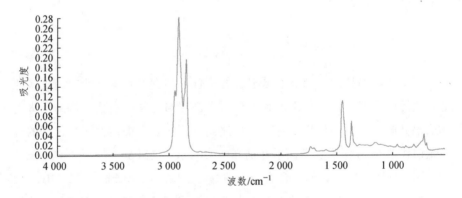

图 5-39　稀释类温拌剂的红外光谱图

5.5.15 岩沥青和矿粉

岩沥青常用于改善沥青的高温性能，其光谱如图 5-40 所示。可以看出岩沥青的光谱与矿粉（灰分）非常相似。另外岩沥青在 2 920 cm^{-1} 和 2 850 cm^{-1} 处有较强的烷烃吸收峰，说明岩沥青是有机物和灰分的混合物。岩沥青可以有效提高沥青的高温性能，但灰分的存在使得其对低温性能有较大的影响。

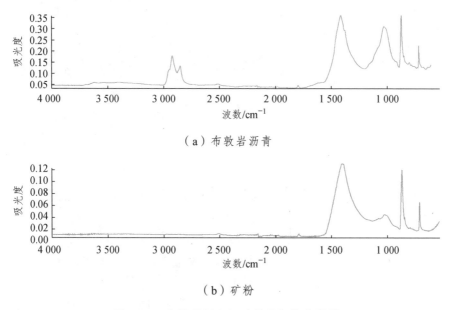

（a）布敦岩沥青

（b）矿粉

图 5-40　布敦岩沥青与矿粉的红外光谱图

　　在道路维修养护工程中常常需要对旧路中的沥青进行抽提回收，抽提回收过程中若出现矿粉残留会对回收沥青的红外光谱检测结果造成较大影响。普通基质沥青的黏度低，矿粉残留不明显。高黏沥青的黏度大，采用沉淀和离心处理去除矿粉的效率较低，需要更长的时间才能把矿粉去除干净。经过 12 h 沉淀和 30 min 离心处理后的回收基质沥青与高黏沥青的红外光谱检测结果如图 5-41 所示，结果显示回收高黏沥青中仍有明显的矿粉残留。回收样品在 860 cm^{-1} 和 700 cm^{-1} 处展现出与矿粉一致的特征峰。1 400 cm^{-1} 处的吸收峰也因为矿粉的影响而变得更强。

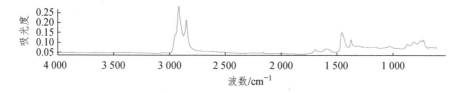

（a）抽提获得的基质沥青

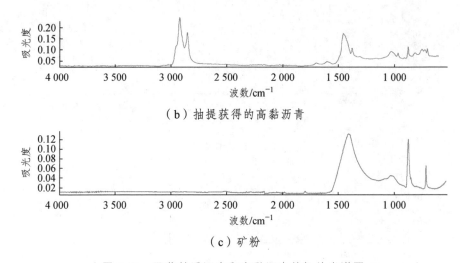

（b）抽提获得的高黏沥青

（c）矿粉

图 5-41　回收基质沥青和高黏沥青的红外光谱图

高黏沥青的老化行为研究

  沥青是一种有机材料，与其他有机物一样，沥青也会逐渐老化，失去其原有的性能。高黏沥青由沥青和 SBS 改性剂组成的典型两相材料，其老化过程也包含沥青相氧化硬化和 SBS 相氧化降解 2 种行为。2 种老化行为同时发生、耦合作用，共同决定了沥青老化后的性能。在基质沥青和 SBS 掺量较低的改性沥青中，沥青相的硬化起主要作用，但在 SBS 掺量较高的高黏沥青中，SBS 降解的作用愈发显著，干扰甚至掩盖沥青相硬化的特征。这使得部分适用于基质沥青和普通 SBS 改性沥青的老化评价方法与经验并不适用于高黏沥青，给高黏沥青的老化机理研究带来困难。本章将针对高黏沥青的老化行为进行讨论。

6.1 沥青老化的室内模拟方式

  要研究沥青老化，首先要模拟造成沥青老化的环境。沥青老化按照发生阶段不同可以分为短期老化和长期老化。短期老化是指沥青在拌和及铺筑过程中，在高温下发生的热氧老化过程。长期老化是指沥青路面在服役阶段，在光、氧、雨水等自然气候条件以及交通荷载的作用下路用性能逐渐劣化的过程[92]。不同的老化阶段有不同的模拟方式。本节首先分别对短期和长期老化模拟方式进行概述，并确定本节所采用的老化模拟方法。

6.1.1　短期老化

在短期老化阶段，沥青进入拌合楼与矿料混合，沥青呈薄膜状态裹覆在矿料颗粒表面，由于温度高，与空气的接触面大，老化速率快，是沥青发生老化的重要阶段。我国现行规范中评价沥青在拌和过程中热老化程度的试验方法主要有薄膜加热试验（Thin Film Oven Test，TFOT）及 RTFOT，但有研究认为，TFOT 试验沥青膜厚与实际情况不同，而且在加热时表面会形成一层硬质结皮影响轻质油分的挥发及氧气的吸收，与路面实际情况有较大差异[93]。目前美国已经不再使用 TFOT，仅使用 RTFOT。

近年来随着改性沥青应用的逐渐增多。很多科研和工程人员对 RTFOT 对于改性沥青的适用性也提出了质疑，主要是认为 RTFOT 温度过低，导致高黏度的改性沥青在老化瓶内不能均匀流动形成较薄的沥青膜，进而降低了老化效率。室内短期老化不足可能导致改性沥青老化后的车辙因子与实际相比偏低，从而使得 PG 分级并不能合理地表达改性沥青的性能[94]。同时也有人认为无论是基质沥青还是改性沥青，RTFOT 提供的老化效果都低于现场实际情况。

RTFOT 由美国加利福尼亚公路局开发，主要用于替代 TFOT。RTFOT 采用了和 TFOT 一致的 163 ℃ 的老化温度，但由于 RTFOT 试验中沥青膜更薄，因此可以大大缩短老化时间[95]。163 ℃ 这一温度实际上是华氏温度 325 ℉，第一次出现是在 1903 年[96]。这是一个统计了当时大量实际工程拌和温度后得出的平均值。在 1903 年，改性沥青还远未出现，对于改性沥青的施工而言，163 ℃ 没有代表性，因此便出现了日后 RTFOT 不适用于改性沥青，尤其是高黏改性沥青的问题。

为了找到适用于改性沥青的室内老化方法，国内外进行了多方面研究：

第一种思路是提出摒弃 RTFOT，研发全新的老化试验[97-99]。这些新试验主要包括改进的德国旋转烧瓶法（Modified German Rolling Flask，MGRF）、扰动空气流试验（Stirred Air-flow Test，SAFT）、比利时旋转圆筒老化试验（Rotating Cylinder Aging Test，RCAT）、快速微波老化技术等。

NCHRP-709 报告[99]认为 MGRF 可以很好地取代 RTFOT 对沥青进行短期室内老化，但是由于 RTFOT 已经应用多年，绝大部分研究机构已经习惯了使用 RTFOT，重新大量采购新试验设备的可行性较低。

第二种思路是在 RTFOT 的基础上对其进行改进，使其能够同时适用于基质沥青和改性沥青[100]。RTFOT 的设计理念是通过转动老化瓶来降低沥青膜厚度，提高老化效率。这一理念对于改性和非改性沥青都同样适用。理论上讲，可以适当调整试验方法使改性沥青也达到适宜的沥青膜厚度。NCHRP 9-10 报告曾建议在老化瓶中添加钢棒或者钢球，从而在转动过程中提供额外的剪切力，进而帮助改性沥青更好地成膜。同时，在转动时轻微地倾斜烘箱（2°）来解决沥青溢出老化瓶的问题。Bahia 等认为添加钢棒可以提高老化效率，并且可操纵性比添加钢球好[100]。这种添加钢棒的 RTFOT 被称为 Modified-RTFOT（MRTFOT）。MRTFOT 虽然在一定程度上降低了沥青膜的厚度，提高了老化效率。但其提高程度有限，并不能令人满意[101]。

还有一种是思路是调整 RTFOT 试验参数（老化温度、老化时间、进气量、老化沥青质量等）来优化老化效果。其中老化时间和老化温度是对沥青老化程度影响最大，同时也是研究人员关注最多的参数。RTFOT 中的 75 min 老化时长是在大量基质沥青工程案例的基础上，通过对比现场老化沥青和室内老化沥青的针入度、挥发损失、黏度等指标的变化情况来确认的。通过大量工程案例的对比，美国加州公路局的研究人员认为在 163 °C 下老化 73 min 最符合现场情况，取整后将 75 min 写入了规范[102]。针对 RTFOT 老化时间的异议较少，一般赞同沿用 75 min 的规定（目前规范中 85 min 的老化时间包含了 10 min 的预热时间）。而关于老化温度，其对沥青老化效果的影响并不像老化时间一般呈线性关系。很多研究人员尝试通过提高温度来增加改性沥青的流动性，从而提高老化效果。但是温度的提升程度一般比较主观，提升程度为 10 ~ 30 °C[100, 103, 104]。有的研究人员尝试通过黏温曲线来确定老化温度[105]。一般而言，最适宜于基质沥青的拌和和摊铺黏度分别是 0.17 Pa·s 和 0.25 Pa·s[106-108]。但是这一经验并不适用于改性沥青，根据黏温曲线确定的改性沥青拌合摊铺温度往往偏高。有的改性沥青黏度达到 0.17 Pa·s 时，环境温度甚至已经超过了 200 ℃，这显然是不合理的[109]。

图 6-1 为美国加利福尼亚大学路面研究中心针对橡胶高黏沥青进行的高温 RTFOT 老化测试结果，可以看出，在 163 ℃ 下，高黏沥青甚至不能均匀铺满老化瓶内壁，因此对于高黏沥青提高 RTFOT 老化温度是极其必要的。

改良RTFOT过程

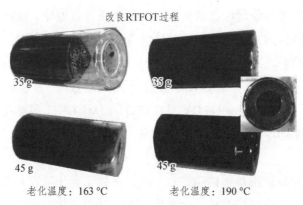

老化温度：163 ℃   老化温度：190 ℃

图 6-1　美国加利福尼亚大学路面研究中心针对
高黏沥青提高 RTFOT 老化温度的研究结果

6.1.2　长期老化

在道路服务年限内发生的沥青老化被称为长期老化。PAV 是目前最主流的室内沥青长期老化模拟方法。PAV 试验由 SHRP 计划研发，主要原理是通过增大气压来加速氧分子在沥青中的扩散，从而提高沥青的老化速率，其本质是一个蒸沥青用的高压锅。PAV 试验最初要求在 20 个大气压，60 ℃，纯氧条件下对沥青实施 6 d 的老化，用于模拟密级配路面 5～10 年的长期老化效果。但考虑到安全与效率原因，SHRP 计划决定通过提高温度来减少时间，并且用空气替换了氧气，最终建议在 20 个大气压，100 ℃，空气条件下老化 20 h 用于模拟长期老化[110]。

Bahia[111]讨论了不同试验参数（沥青膜厚度、老化温度、老化时长等）对 PAV 试验的具体影响，给出了现阶段 100 °C 下老化 20 h 的老化规程的选取理由。报告同时指出沥青老化进程极易受到老化温度与沥青膜厚度的影响，因此这 2 个指标需要谨慎考虑。现阶段的试验参数选取主要是基于沥青的流变性质变化而非化学性质变化。但大量研究表明 PAV 老化效果与路面实际老化仍存在一定差异。一方面，将老化温度从 60 °C 提高至 100 °C 与路面实际服役情况不符，并可能加速沥青中 SBS 的降解[34]，另一方面，20 h 的老化时间较短，难以模拟路面 5～10 年内的老化情况，部分研究建议应该将老化时间延长至 40 h 甚至 60 h[112]。Mallick 等[93]通过现场取样回收沥青的方式对比了 PAV 模拟与现场长期老化的差异，收集了来自美国 5 个州的 6 条高速公路的芯样，结果显示现场老化强度略大于 RTFOT 与 PAV 的老化效果。

很多研究者通过在 PAV 老化试验中调整压力，提高湿度等措施来提高 PAV 试验模拟的准确性[113]。Lau 等[114]对纯氧环境下的 PAV 老化效果进行了研究，并采用红外光谱扫描对老化沥青的羰基含量进行检测，结果显示在 60～82.2 °C 内，基质沥青的老化效率并不会随温度发生明显变化。张晨曦等[115]尝试采用微波加热的方式来代替 PAV 对沥青进行长期老化，发现采用微波能量法在温度为 143 °C，压力为 440 psi 时对沥青胶结料加热 7.5 h 可以得到与" RTFOT+PAV"相同的老化效果，大大节省室内老化所需要的时间。但总的来说，PAV 仍是现阶段认可度最高的沥青长期老化模拟手段。

6.1.3　本节采用的老化模拟方式

出于接受度的考虑，本书仍采用 RTFOT 与 PAV 来模拟沥青的短期与长期老化。但对于 RTFOT，以 15 °C 为间隔，设置了 163 °C、178 °C、193 °C 3 种不同的老化温度，用于模拟高黏沥青在实际应用中可能碰到的较高施工温度。对于 PAV，设置了 20 h、40 h、80 h 三种不同的老化时间，用于研究延长老化时间对沥青老化行为的影响。本书所采用的老化模拟方式汇总如表 6-1 所示。

表 6-1 本节所采用的老化模拟方式汇总

阶段	老化方式	文中简称
短期老化	163 °C 下 RTFOT 老化 85 min	R163
	178 °C 下 RTFOT 老化 85 min	R178
	193 °C 下 RTFOT 老化 85 min	R193
长期老化	20 h PAV 老化	1PAV
	40 h PAV 老化	2PAV
	80 h PAV 老化	4PAV

6.2 高黏沥青的老化机理概述

高黏沥青是由沥青和 SBS 改性剂物理共混组成的两相材料，其老化过程也是沥青相氧化硬化和 SBS 相氧化降解 2 种行为组成的耦合过程。本章首先讨论基质沥青和 SBS 两种材料的老化机理，在此基础上总结高黏沥青的老化机理。

6.2.1 基质沥青的老化机理

沥青老化通常是指沥青在储存、运输、施工及路面使用过程中由于长时间暴露于空气中，在环境因素（热、氧、紫外线、水）的作用下发生的挥发、氧化、分解、聚合等物理化学作用，导致沥青内部分子结构和化学组成发生变化，进而促使沥青路用性能劣化的过程[116]。

针对基质沥青老化机理的研究已经超百年。1903 年，A. W. Dow 在 163 °C 下对沥青持续加热 24 h 并对针入度的变化进行了研究，最早提出了导致沥青老化的可能原因，他认为沥青混合料中的沥青是由于加热产生了质量上的损失和针入度的变化[96]。1961 年，Traxle[117]列出了导致沥青老化的 4 种原因：轻质组分挥发（volatilization）、氧化（oxidation）、内部结构变化（development of internal structure）以及光和热引起的缩聚反应（condensation polymerization）。到现代，沥青的老化机理已经较为清晰。1984 年，Petersen[118]进一步归纳了导致沥青老化的 3 个主要原因，认为沥青的老化主要是轻质组分的减少（挥发或被矿料吸收）、氧化导致的化学成分变化以及空间硬化（steric hardening）。这一总结被广泛接纳，后续的大部分研究都以上述几种原因作为主要方向。近些年来，也有研究者将水的作用纳入沥青老化的原因中，认为在雨水的作用下，沥青中的可溶性物质被冲洗掉，进而造成老化变质。但氧化作用仍然是目前公认的主要原因，绝大部分沥青老化研究是针对氧化作用进行的。

沥青这类碳基化合物的主要氧化产物是酮、酸、醇、酸等含羰基的氧化物。除碳元素外，沥青分子中还含有硫、氮等杂原子，它们在热和氧分子的作用下也会发生热氧老化，生成亚砜基、亚硝酸脂等物质。这些氧化物的形成导致沥青分子的分子量增大，从而使得沥青材料变得硬脆[119]。对基质沥青进行不同强度的老化试验，并对老化后样品进行红外光谱扫描，结果如图 6-2 所示。对基质沥青而言，老化前后强度发生变化的特征峰主要集中在 1 000 ~ 2 000 cm^{-1}[120]。可以看出老化前后各沥青特征峰所处的位置并无差别，仅仅是部分特征峰的吸收强度发生了变化。

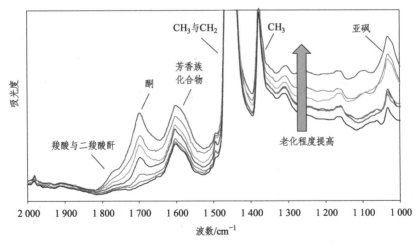

图 6-2　老化对基质沥青红外光谱的影响（1 000 ~ 2 000 cm^{-1}）

沥青的常见红外特征峰分析见本书 5.3 节，此节仅针对老化行为进行评述。对基质沥青而言，甲基与亚甲基的结构简单，化学性质稳定，老化前后特征峰强度基本不变化。老化后主要发生变化的是羰基特征峰（1 700 cm^{-1}）、亚砜特征峰（1 030 cm^{-1}）和芳香族化合物特征峰（1 600 cm^{-1}）。老化过程中沥青不断与空气中的氧分子结合，内部产生醛、酮等含氧组分，表现为羰基含量增加，1 700 cm^{-1} 峰强度明显上升。如果老化强度继续提高，小部分的羰基还会继续被氧化为羧酸，导致 1 760 cm^{-1} 处出现羧酸肩峰。除羰基以外，亚砜基（1 030 cm^{-1}）也是沥青的一大氧化产物。亚砜基的形成机理与羰基类似，但是形成过程与沥青中的硫元素含量相关，且亚砜基在高温下并不稳定，容易分解，因此并不是一种非常理想的老化评价指标。考虑到这一问题，相关研究主要采用羰基而非亚砜基作为评判沥青氧化程度的化学指标。羰基含量越高，羰基指数越大，表明沥青氧化越严重。除吸氧反应，沥青内还不断发生聚合反应，环状烷烃逐渐转化为芳香化合物，苯环含量提高，表现为 1 600 cm^{-1} 峰强度的增大。

进一步地，采用 GPC 研究基质沥青老化过程中的分子量变化。对未老化、RTFOT 老化以及 PAV 老化后的基质沥青进行 GPC 检测，结果如图 6-3 所示。随着老化程度的增大（PAV > RTFOT > 原样），基质沥青中小分

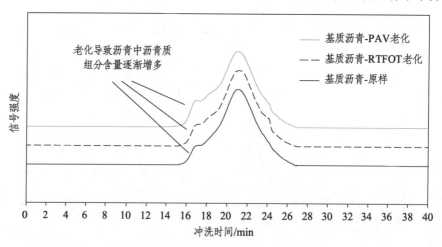

图 6-3　老化对基质沥青分子量的影响

子量的饱和分和芳香分逐渐吸氧聚合转化为分子量大的胶质和沥青质，在 GPC 色谱上表现为 17 min 左右的沥青质峰强度逐渐变大。除此以外，老化前后基质沥青的 GPC 色谱并无明显差别。

基于众多的相关研究，大致可以认为基质沥青氧化的产物主要为羰基与亚砜官能团，深度老化有可能生成少量羧酸官能团并造成亚砜基的降解。老化造成分子间极性官能团的缔合与缩聚，使得老化后沥青的平均分子量增加，分子量分布发生明显变化。最终导致沥青变硬、变弹，宏观性能上表现为模量增大，相位角降低，软化点升高，黏度增大，针入度与延度下降。注意这里的"变弹"是指基质沥青的相位角（黏弹比例）减小，而并不是指弹性恢复率增大。

6.2.2 SBS 改性剂的老化机理

SBS 改性剂与基质沥青之间主要发生物理混溶反应，因此 SBS 改性沥青的老化可以看作是基质沥青氧化与 SBS 改性剂降解的共同作用的结果[121]。改性沥青中基质沥青相的老化机理与纯基质沥青老化机理一致，SBS 相的老化过程则是典型的聚合物老化降解。

聚合物在加工和使用过程中会受到热、氧等因素的影响，发生分子链的降解与交联两种反应，但以降解反应为主。聚合物的降解包括热降解、热氧降解、化学降解和光氧降解。在改性沥青材料中，SBS 的热降解和化学降解比较少[122]，多发生热氧降解[123]。在紫外照射较强的地区也可能发生光氧降解。采用烘箱加热可以模拟 SBS 在热氧环境中的降解行为，纯 SBS 改性剂在 163 ℃烘箱老化后的外观如图 6-4 所示。可以看出 SBS 对高温热氧老化极为敏感，仅 2 h 老化后就变得焦黄且脆硬，基本失去了所特有的韧性与弹性。

（a）未老化 SBS　　　（b）163 ℃下老化 2 h　　　（c）163 ℃下老化 4 h

图 6-4　纯 SBS 老化前后的外观变化

SBS 对于老化的敏感性归因于其聚丁二烯链上含有的大量碳碳双键。与碳碳双键相邻的碳碳单键的内旋活化能较低，容易发生内旋转，因此 SBS 的聚丁二烯主链很柔顺，为 SBS 提供了优异的高弹性[124]，但也正是碳碳双键的存在导致 SBS 容易受到老化影响。聚丁二烯链上与碳碳双键官能团相连的第一个氢原子（αH）的化学性质活泼，极易与氧分子反应并生成氧化物，进而导致主链断裂，分子量下降，改性效果消失[125]。SBS 在热氧条件的老化降解路径如图 6-5 所示。老化过程中也会有一些交联反应发生，但总的来说降解行为占据了主导。老化后 SBS 的分子量明显下降，原本优异的弹性遭到削弱，强度也逐渐下降，对沥青的改性效果逐渐消失，宏观上表现为沥青的弹性恢复率降低，相位角增大，高温模量出现一定程度的下降。

采用红外光谱可以对 SBS 的热氧老化过程进行研究，对线型与星型 SBS 改性剂分别进行老化，对比老化前后的红外光谱，结果如图 6-6 所示。

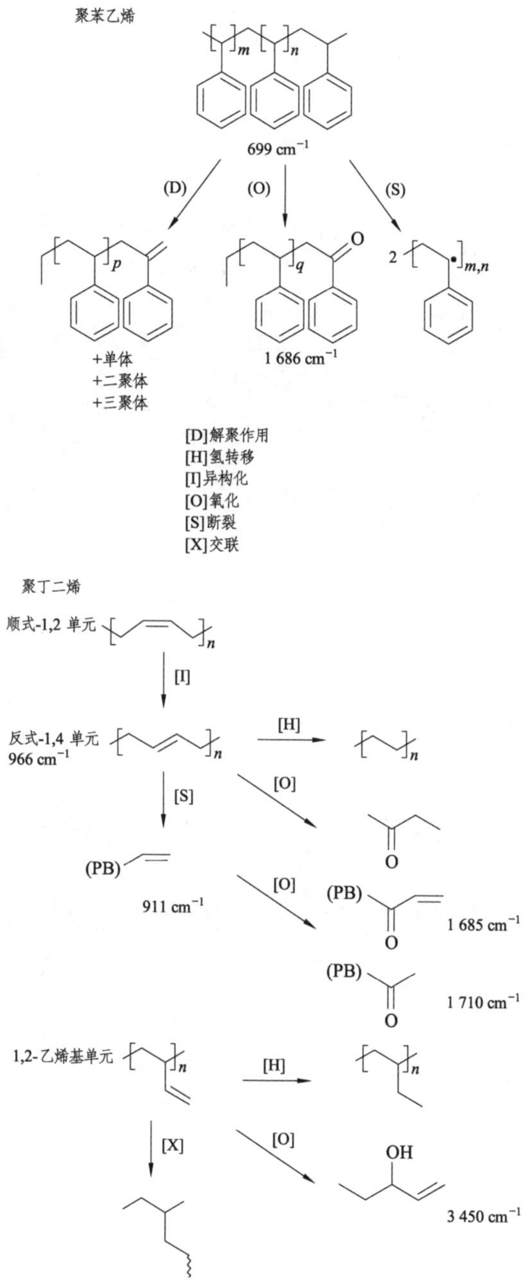

聚苯乙烯

699 cm^{-1}

(D)　　(O)　　(S)

p　　q

2　　$\cdot_{m,n}$

$1\,686 \text{ cm}^{-1}$

+单体
+二聚体
+三聚体

[D]解聚作用
[H]氢转移
[I]异构化
[O]氧化
[S]断裂
[X]交联

聚丁二烯

顺式-1,2 单元　n

[I]

反式-1,4 单元　n　　[H]　　n
966 cm^{-1}

[S]　　[O]

O

(PB)

911 cm^{-1}　　[O]　　(PB)　$1\,685 \text{ cm}^{-1}$
O

(PB)　$1\,710 \text{ cm}^{-1}$
O

1,2-乙烯基单元　n　　[H]　　n

[X]　　[O]　　OH

$3\,450 \text{ cm}^{-1}$

图 6-5　SBS 分子的老化降解路径[64]

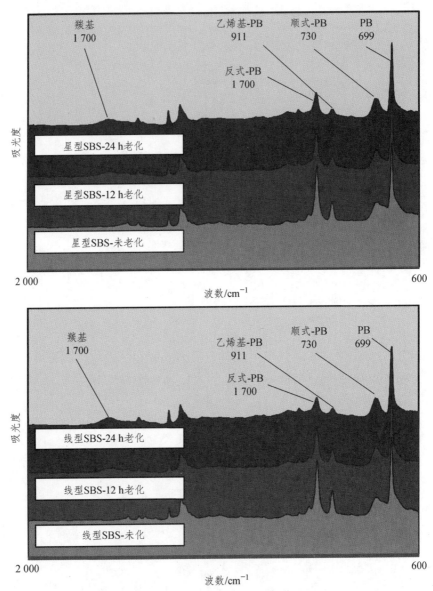

图 6-6　老化前后的 SBS 分子红外光谱图

　　SBS 的主要官能团及特征峰的详细信息请见本书 5.3 节，此处仅针对老化行为进行评述。由图 6-6 可以看出，随着 SBS 老化程度加深，3 个聚丁二烯同分异构体特征峰的强度都发生下降，表明聚丁二烯链遭到破坏，进而导致了 SBS 的降解。末端聚丁二烯的吸收峰较小，不适用于量化评价。顺式聚丁二烯的吸收峰宽而弱，同时容易与沥青中其他有机物的特征峰重叠，应用也比较少。反式聚丁二烯在 966 cm^{-1} 处的吸收峰高而尖，老化后强度下降也最明显，因此一般用 966 cm^{-1} 峰强度的下降程度来量化 SBS 的降解程度。

SBS 中的聚苯乙烯链在 699 cm^{-1} 处也有一个很明显的特征峰。聚苯乙烯主链上没有碳碳双键，反而有着庞大且刚性的苯环侧基，可以起到阻碍氧扩散保护主链的位阻效应，因此其抗老化性能显著优于聚丁二烯链。可以看出老化前后 699 cm^{-1} 特征峰强度基本不发生变化，因此很少采用 699 cm^{-1} 峰强度的变化来评价 SBS 的降解[126]。

为了提高 SBS 的抗老化性能，有研究人员在催化剂环境下对 SBS 进行定向加氢，使得原本含有不饱和碳碳双键的聚丁二烯氢化成饱和的聚乙烯和聚丁烯链，进而获得氢化 SBS，即 SEBS。加氢处理完全去除了 SEBS 中的碳碳双键，使得 SEBS 的抗老化性能明显提升，但由于主链上缺少了碳碳双键，SEBS 主链的柔性不如 SBS，高弹性也不如 SBS。另外，SEBS 的制备成本明显高于 SBS，目前在改性沥青中的实际应用相对较少。

6.2.3 老化的自由基理论

沥青与 SBS 的氧化老化行为可以通过自由基理论进行解释，这也是目前接受度最高的一种理论[127]。自由基是指化合物的分子在光热等外界条件下，共价键发生断裂而形成的具有不成对电子的原子或基团。沥青或 SBS 受到光或热的作用后，其中较为活泼的分子容易形成自由基。由于自由基缺乏成对的电子，其化学性质活泼。在热的加速下，沥青或 SBS 中的自由基会迅速与大气中的氧发生反应生成过氧化自由基。过氧化自由基同样极不稳定，会从邻近的沥青分子上夺取氢原子，让自己成为氢氧化合物从而稳定下来。这样一来，邻近的分子又变成了一个新的自由基。上述过程中，自由基会不断与氧发生反应生成氢氧化物与新的自由基，如此下去，便形成了自由基链式反应，从而使得氧化持续进行。当上述反应形成的自由基达到一定浓度时，彼此相碰而导致链式反应逐渐终止，材料中的氧化程度便逐渐趋于稳定。以上自由基老化过程可以分为链的引发、增长、歧化和终止 4 个阶段。

热氧老化与光氧老化均可以用自由基理论来解释。其主要区别在于光氧老化中的自由基是由光子的能量激发，而非热量引发。氧分子是自由基链式反应存在的根本原因，热则极大加快了这一进程。在热的作用下，材料分子具有较高的活性，化学键更容易断裂。这时如果没有氧的参与，则只是由大分子降解为小分子，速度较慢，其中分解而成的小分子在材料中含有的一些微量金属元素的催化作用下，又会发生分子链的重组聚合。但如果在热的作用下断裂的化学键同时受到高能量氧原子的作用，则会迅速发生氧化反应，生成氢氧化物并进一步引发自由基链式反应[128]。

6.2.4　采用 ATR 法红外光谱评价高黏沥青的老化程度

ATR 法红外光谱测试快速准确，是研究基质沥青和纯 SBS 改性剂老化行为的高效方法之一。但本书 5.2 节提到 ATR 法红外光谱的穿透深度极小（约 2 μm），在评价微观相态复杂的改性沥青时可能出现较大的变异性，难以准确检测沥青中 SBS 的浓度或者含量变化情况。因此采用常规 ATR 测试无法准确表征改性沥青和高黏沥青的老化行为。基于这一情况，本书提出了一种新的思路和老化特征指数（ $I_{B/S}$ ），仍然可以采用 ATR 对改性沥青的老化行为和其中的 SBS 降解行为进行准确评价，其思路如下：

透射法红外光谱不会受到穿透深度的影响，在采用透射法红外光谱研究改性沥青老化过程中 SBS 降解程度时，一般采用反式聚丁二烯指数 I_{PB} 进行量化评价， I_{PB} 的计算方法如下：

$$I_{PB} = \frac{A_{966}}{A_{(600\sim4\,000)}} \tag{6-1}$$

式中，A_{xxx} 为 xxx 波数所对应的红外吸收峰的吸收面积，966 cm^{-1} 是反式聚丁二烯的特征峰。

可以看出 I_{PB} 指数所使用的参考峰面积较大且包含多个基质沥青的特征峰，因此 I_{PB} 指数的本质是聚丁二烯结构在沥青中的浓度信息。采用透射法评价改性沥青老化过程中 SBS 降解程度的本质是检测沥青中反式聚丁二烯链的浓度随老化下降的过程。老化时 SBS 降解，聚丁二烯浓度降低，表现为 I_{PB} 指数下跌。表 6-2 统计了部分引用量较大且在报告中列出实际红外光谱图的改性沥青老化研究文献。可以看出这些研究都主要针对 966 cm^{-1} 聚丁二烯峰强度进行探讨。

表 6-2 针对改性沥青红外光谱研究的文献综述

年份	作者	沥青样品	老化方式	老化后观察到的现象
2013	Gao 等[129]	4.5%SBS	RTFOT+PAV	966 cm^{-1} 峰逐渐减小
2013	赵永利等[130]	4.5%SBS	RTFOT+PAV	966 cm^{-1} 峰逐渐减小
2011	Zhang 等[131]	硫化改性沥青（SBS 含量未知）	TFOT+PAV	羰基、亚砜基增多，966 cm^{-1} 峰强度降低，硫黄的加入促进了改性沥青的老化
2009	Wu 等[80]	PG70 和 PG76 的改性沥青（SBS 含量未知）	PAV（60 ℃，1 200 h）	羰基、亚砜基增多，966 cm^{-1} 峰强度减少，不同标号的改性沥青之间差别不明显，认为 SBS 改性剂的掺入抑制了羰基的产生
2006	陈华鑫[121]	5%SBS	RTFOT+PAV	羰基增多，且增多程度大于基质沥青，认为 SBS 改性剂的掺入促进了羰基的产生
2006	Ouyang 等[66]	4.5%SBS，添加抗老化剂	TFOT	羰基增多，966 cm^{-1} 峰强度减少；添加抗老化剂后 966 cm^{-1} 峰强度下降速率放缓
2004	Cortizo 等[132]	4.5%SBS	RTFOT+PAV	羰基、亚砜基和羟基增多，认为羟基增多是 SBS 降解造成的
2004	Lucena 等[133]	4.5%SBS	RTFOT+PAV	羰基和羟基增多，认为羟基增多是 SBS 降解造成的
1998	Lu 等[49]	改性沥青（SBS 含量未知）	RTFOT，TFOT	羰基增多，且增多程度大于基质沥青，认为 SBS 改性剂的掺入促进了羰基的产生

由于透射法的测试效率较低，近些年来采用 ATR 法的研究逐渐增多。但 ATR 法无法准确测量反式聚丁二烯链或 SBS 在沥青中的含量（浓度），因此无法直接采用 I_{PB} 指数或 966 cm^{-1} 峰强度的变化来衡量 SBS 的降解程度。由于热氧老化过程中改性沥青微观相态的变化，ATR 红外光谱有时甚至会观测到老化后 I_{PB} 强度上升的情况[55, 79]。本书提出将 I_{PB} 的参考峰修改为 699 cm^{-1} 处的聚苯乙烯峰，获得一种全新的可以准确评价 SBS 自身降解程度的红外光谱指数 $I_{B/S}$。$I_{B/S}$ 的计算方法如式（6-2）所示：

$$I_{B/S} = \frac{A_{966}}{A_{699}} \tag{6-2}$$

式中，A_{xxx} 为 xxx 波数所对应的红外吸收峰的吸收面积。

道路改性用 SBS 的嵌段比（$S:B$）基本都是 3∶7，因此在未老化情况下，不同牌号 SBS 改性剂对应的 $I_{B/S}$ 基本恒定。老化过程中，聚丁二烯链受到影响发生降解，966 cm^{-1} 特征峰的强度下降；另一方面聚苯乙烯结构抗老化性强，699 cm^{-1} 特征峰的强度基本不发生变化。因此 $I_{B/S}$ 指数出现下降，表明 SBS 发生了降解。

特别地，针对 ATR 而言，$I_{B/S}$ 的计算公式与沥青的特征峰无关，仅关注 SBS 分子本身，因此不会受到改性沥青微观相态变化以及检测范围不均匀的影响。传统的 I_{PB} 指数代表了 ATR 检测点范围内 SBS 的浓度信息；$I_{B/S}$ 则代表了 ATR 检测点范围内所有 SBS 分子的平均降解程度。SBS 颗粒在沥青中的分布难以做到完全均匀，但可以合理假设老化过程中每一个 SBS 分子经受的降解程度是接近的，由此推论 ATR 检测区域内 SBS 的降解程度近似等于样品整体的平均 SBS 降解程度（这一假设的合理性可以通过对样品的多个区域检测 $I_{B/S}$ 指数并计算其变异系数加以验证）。因此 $I_{B/S}$ 检测结果与 SBS 改性沥青的微观相态无关，也不会受到 ATR 法较小扫描区域的影响。

值得一提的是，由于 $I_{B/S}$ 指数直接反映 SBS 分子的降解程度而与改性沥青中的 SBS 的含量（或者浓度）无关，因此 $I_{B/S}$ 指数可以用于横向比较不同 SBS 掺量的改性沥青的老化过程。关于 ATR 法的变异性与 $I_{B/S}$ 指数的更多讨论，详见笔者的相关工作[55, 72, 134]。

6.2.5   高黏沥青的老化机理

高黏沥青是由沥青和 SBS 改性剂物理共混组成的两相材料，其老化过程也是沥青相氧化硬化和 SBS 相氧化降解两种行为组成的耦合过程（见图6-7）。在明晰了基质沥青和纯 SBS 老化行为的基础上，本节继续对 SBS 改性沥青的老化机理进行讨论。采用红外光谱对高黏沥青的热氧老化过程进行研究，并计算羰基指数和 $I_{B/S}$ 指数，分别量化老化过程中的沥青相氧化硬化程度和 SBS 相氧化降解程度。羰基指数 I_{CA} 与 $I_{B/S}$ 指数的计算方法如式（6-3）、式（6-4）所示。

$$I_{CA} = \frac{A_{1\,700}}{A_{(600 \sim 4\,000)}} \tag{6-3}$$

$$I_{B/S} = \frac{A_{966}}{A_{699}} \tag{6-4}$$

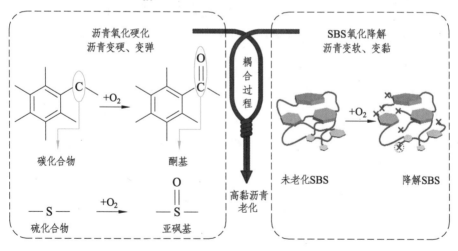

图 6-7   高黏沥青的老化机理

羰基指数是常见的沥青氧化评价指标，$I_{B/S}$ 指数则是本书 6.2.3 节针对 ATR 法红外光谱专门提出的 SBS 降解程度评价指标。由于 ATR 法极浅的扫描范围与改性沥青复杂多变的相态结构，采用 ATR 法检测改性沥青中 SBS 含量时存在一定变异性，难以准确检测。虽然 ATR 法不能准确检测 SBS 的浓度，但是借助 $I_{B/S}$ 指数，ATR 法仍可以准确评价改性沥青的老化程度。传统的聚丁二烯指数（I_{PB}）采用沥青中的聚丁二烯浓度下降情况来评价 SBS 的老化降解程度，$I_{B/S}$ 指数则通过聚丁二烯与聚苯乙烯链的比例变化情况来判定 SBS 的老化降解程度。由于 $I_{B/S}$ 计算公式中不含沥青特征峰，其不会受到改性沥青相态结构变化和极小的 ATR 扫描区域的影响，可以准确地反映老化前后改性沥青的降解程度。同时 $I_{B/S}$ 指数还可以横向比较不同 SBS 掺量改性沥青的老化进程。

对不同老化状态的普通 SBS 改性沥青（4.5%SBS）与高黏沥青（7.5%SBS）进行红外光谱扫描，获得羰基指数与 $I_{B/S}$ 指数，结果如图 6-8 所示。在图 6-8 中，x 轴为羰基指数，y 轴为 $I_{B/S}$ 指数，不同的散点代表不同的老化状态，图中左上方的数据点老化程度低（羰基小、$I_{B/S}$ 大，表明沥青氧化程度低，SBS 降解程度低），右下方的数据点老化程度高（羰基大、$I_{B/S}$ 小，表明沥青氧化程度高，SBS 降解程度高）。根据图 6-8 的检测结果可知，R163、R193、1PAV、2PAV、4PAV 的老化程度逐渐增大。

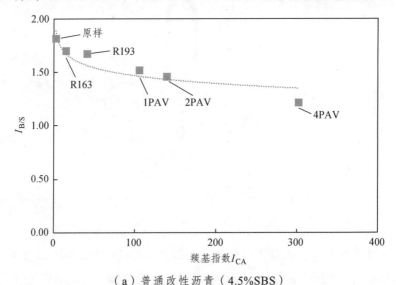

（a）普通改性沥青（4.5%SBS）

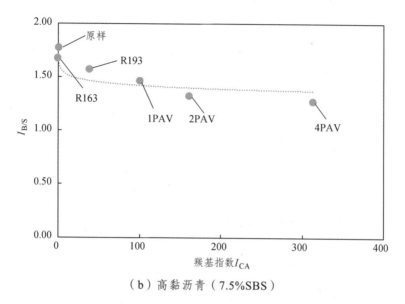

（b）高黏沥青（7.5%SBS）

图 6-8   改性沥青与高黏沥青红外光谱量化分析结果

从图 6-8 可以发现羰基指数与 $I_{B/S}$ 之间存在明显的相关性。羰基增多，$I_{B/S}$ 逐渐减小，表明 SBS 分子在沥青氧化的过程中不可避免地发生了降解。同时可以看出短期老化阶段（羰基指数小于 100 时）SBS 降解速度较快，长期老化阶段（羰基指数大于 100 时）SBS 降解速度较慢，且普通改性沥青和高黏沥青都表现出类似的趋势。以高黏沥青为例，沥青从原样未老化阶段到 PAV 老化阶段，羰基指数上升了约 100，$I_{B/S}$ 指数下降了约 0.25；从 PAV 老化阶段到 4PAV 老化阶段，羰基指数上升了约 200，$I_{B/S}$ 指数却只下降了约 0.2，下降速率明显放慢。这一现象可能代表 SBS 在长期老化阶段的降解速度小于短期老化阶段，推测与长期老化阶段（PAV 老化）中相对较低的老化温度（100 ℃）有关。由于 SBS 热氧降解对高温极度敏感[135]，因此 SBS 在短期老化中降解快，长期老化中降解慢。同时，这一现象也可以用自由基理论加以解释[136]：老化初期 SBS 迅速产生大量自由基并与空气中的氧分子发生反应，发生降解。随着老化进程推进，自由基浓度明显上升，彼此相碰导致氧化链式反应逐渐终止，SBS 降解速度也趋于稳定。

需要特别指出的是，$I_{B/S}$ 指数代表的是未降解 SBS 占原 SBS 总质量的比例，并非未降解 SBS 的质量绝对值。从图 6-8 可以看出老化过程中 4.5%SBS 改性沥青和 7.5%SBS 改性沥青的 $I_{B/S}$ 指数下降曲线相当接近，表明 2 种沥青中的 SBS 降解比例接近一致。但由于高黏沥青自身 SBS 掺量较高，表明其中发生降解的 SBS 改性剂更多。从这个意义上来讲，SBS 掺量较高的高黏沥青更容易受到老化影响，因此生产使用过程中更应该注意避免老化。

进一步地，采用 GPC 研究改性沥青老化过程中的分子量变化。对不同温度短期老化（R163、R178、R193）后的高黏沥青进行 GPC 分析，结果如图 6-9 所示。

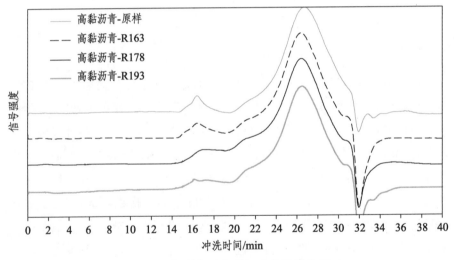

图 6-9　短期老化对高黏沥青分子量的影响

从图 6-9 可看出，老化温度越高，SBS 分子降解越严重，沥青质峰上升也越明显。值得一提的是 R163 样品的 GPC 曲线与原样样品之间的区别非常小，老化后沥青质峰基本没有变化，SBS 峰也只有轻微下降，说明 R163 老化对高黏沥青的作用微乎其微。导致这一现象的原因是高黏沥青黏度太大，在 163 ℃ 条件下无法在老化瓶中形成薄膜，老化结束后甚至不能铺满整个 RTFOT 老化瓶的内壁，使得老化效率较低[101]。

对不同时间长期老化（1PAV，2PAV，4PAV）后的高黏沥青进行 GPC 分析，色谱结果如图 6-10 所示。PAV 老化后沥青相氧化严重，沥青质峰出现明显上升。特别是 2PAV 和 4PAV 老化后，沥青质峰面积迅速增大，甚至掩盖了部分 SBS 峰。

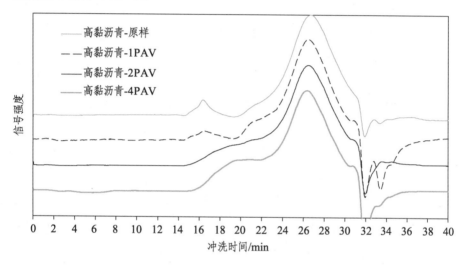

图 6-10　长期老化对高黏沥青分子量的影响

结合 FTIR 与 GPC 的观测结果，可以看出高黏沥青在短期老化阶段经历的 SBS 降解速率更快（$I_{B/S}$ 指数迅速下降，SBS 分子量明显下降）；长期老化过程中则是沥青相的氧化（羰基指数持续增大，沥青质等大分子明显增多）逐渐占据主导地位。

短期老化过程中温度较高，沥青处于液体流淌状态，充分将内部的 SBS 分子暴露在高温氧气环境下。SBS 化学性质活泼，在高温下迅速发生热氧降解，从而导致了短期老化阶段的 $I_{B/S}$ 指数骤降。1PAV 老化后高黏沥青中的 SBS 降解明显，但继续延长 PAV 老化时间不会对 SBS 网络带来更多明显的破坏。这可能与长期老化过程中相对较低的老化温度有关。另一方面，这也可以通过自由基理论来解释：老化初期 SBS 中的活泼碳碳双键受到热的影响形成自由基，并与空气中的氧分子发生反应，发生化学降解。

随着老化进程推进，沥青中的自由基浓度明显上升，彼此发生反应导致氧化链式反应逐渐终止，SBS 相降解速度也趋于稳定。

6.3 老化对改性沥青性能的影响规律

改性沥青的老化过程是由沥青相氧化硬化和 SBS 相氧化降解两种行为共同组成的。沥青相氧化硬化使得沥青变硬、变弹，SBS 相氧化降解使得沥青变软、变黏（注意这里的"弹"和"黏"是由相位角表征的黏弹比例，而非弹性恢复率）。2 种行为同时发生相互博弈，各自对不同的性能指标和温度区间展示出主导性，共同决定改性沥青老化后的性能。本节从这2 种行为出发，讨论老化对改性沥青性能的影响规律。

6.3.1 针入度

不同老化程度的高黏沥青的针入度检测结果如图 6-11 所示。随着老化程度增加，高黏沥青硬度逐渐提高，针入度也随之下降，这与基质沥青的行为一致。这说明对于针入度指标，基质沥青相的行为在整个老化

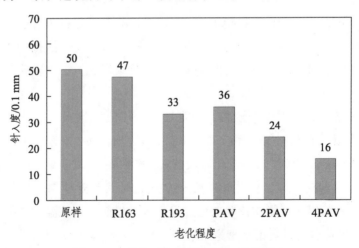

图 6-11　老化对高黏沥青针入度的影响

阶段都一直占据主导地位，SBS 降解的软化作用表现并不明显。这与针入度较低的测试温度有关（25 °C）：SBS 主要提高沥青的高温模量，中低温下 SBS 对沥青模量的改变并不明显，沥青相的特性仍然主导了 SBS 改性沥青的行为。

6.3.2 软化点

不同老化程度的高黏沥青的软化点检测结果如图 6-12 所示。软化点随老化程度提高展示出先下降后升高的规律。这与软化点试验相对较高的测试温度有关。随着温度升高，沥青相开始软化而 SBS 还未软化，沥青对 SBS 分子伸展与蜷曲的限制减少，SBS 特有的高弹态得以展现，对沥青的改性效果逐渐凸显，此阶段内 SBS 相的行为具有主导性。基于相同的原因，SBS 氧化降解的软化作用在高温下也更加显著。短期老化过程中，SBS 迅速降解，由此产生明显的软化作用，抵消了沥青氧化的硬化作用，因此老化后高黏沥青的软化点随之下降。但进入长期老化阶段后，随着老化程度逐渐提升，沥青相硬化逐渐占据主导地位，使得沥青软化点转而回升。改性沥青软化点随着老化加深先减小后增大的行为是沥青相氧化硬化和 SBS 相氧化降解博弈过程的典型体现。

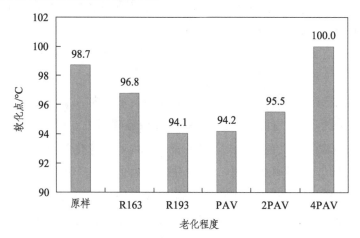

图 6-12 老化对高黏沥青软化点的影响

6.3.3 延 度

5 ℃ 延度的测试结果如图 6-13 所示。沥青相氧化硬化和 SBS 降解对于延度都只有负面作用，在这方面两者不存在博弈，因此随着老化程度加深，SBS 改性沥青的延度不断下降。

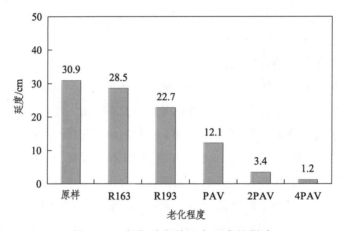

图 6-13 老化对高黏沥青延度的影响

6.3.4 车辙因子

不同掺量 SBS 改性沥青老化前后的车辙因子检测结果如图 6-14 所示。为观察不同试验温度的影响，设置了 64 ℃，76 ℃，88 ℃ 3 个试验温度。

与软化点类似，车辙因子同样是表征沥青在高温下抗变形能力的指标，因此同样存在趋势反复变化的博弈现象。图 6-14 表明高黏沥青在室内短期老化阶段（原样，R163，R193）表现出随老化程度加深，车辙因子不变甚至略微下降的现象。且测试温度越高下降趋势越明显。根据本书 6.2.4 节中 FTIR 与 GPC 的检测结果，高黏沥青在室内短期老化阶段主要展现 SBS 降解，沥青氧化幅度相对较小，此时 SBS 降解的软化作用削弱甚至完全抵消了沥青氧化的硬化作用。在长期老化阶段（1PAV，2PAV，4PAV），高黏沥青则表现出车辙因子单调增加的趋势，这与基质沥青的表现一致。说明在长期老化中沥青硬化行为再次占据了主导地位。

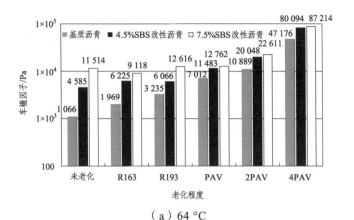

（a）64 ℃

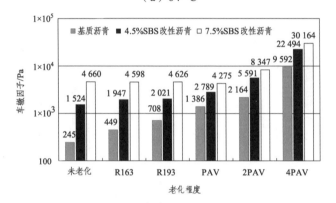

（b）76 ℃

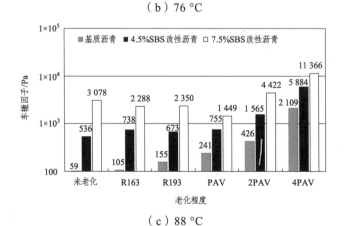

（c）88 ℃

图 6-14　老化对车辙因子的影响

短期老化后高黏沥青的车辙因子不升反降的现象说明短期老化可能削弱高黏沥青的高温抗变形能力，这是基质沥青以及普通改性沥青都不需要考虑的问题。在高黏沥青的工程应用中，有必要针对其短期老化后的高温抗变形能力进行检验。

6.3.5　马歇尔稳定度与车辙动稳定度

为了验证高黏沥青混合料老化后的抗变形能力，测试了其老化前后的马歇尔稳定度与车辙动稳定度。基质沥青与高黏沥青老化前后的马歇尔稳定度和车辙动稳定度检测结果如图 6-15 所示。

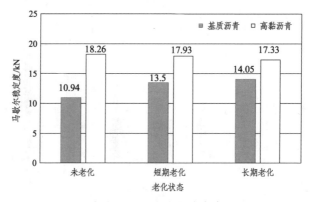

（a）25 ℃马歇尔稳定度

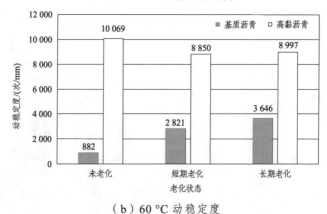

（b）60 ℃动稳定度

图 6-15　基质沥青与高黏沥青老化前后的 25 ℃马歇尔稳定度和 60 ℃动稳定度

基质沥青混合料的稳定度和动稳定度都随着老化程度提高而逐渐增大，说明老化提高了沥青的模量，进而提高了抗变形能力。老化后高黏沥青混合料的稳定度和动稳定度都低于老化前的测试值，且 60 ℃ 动稳定度下降幅度大于 25 ℃ 稳定度下降幅度。这与沥青指标的检测结果一致，说明老化过程中的 SBS 降解确实有可能降低沥青的模量，特别是高温模量，从而削弱其高温抗变形能力。同时可以发现长期老化后高黏沥青混合料的动稳定度（8 997 次/mm）虽然仍低于原样混合料（10 069 次/mm），但略高于短期老化混合料（8 850 次/mm）。这可能是因为长期老化过程中沥青相硬化逐渐占据了主导地位，使得沥青的硬度有了一定程度的回升。

6.4　沥青相与 SBS 相的主导性与分离研究

改性沥青的老化过程是由沥青相氧化硬化，SBS 相氧化降解两种行为共同组成的。沥青相氧化硬化使得沥青变硬、变弹，SBS 相氧化降解使得沥青变软、变黏。两种行为的影响各自对不同的指标和温度范围展示出主导性。上一节讨论的三大指标和车辙因子等性能指标的变化规律虽然可以较好地通过博弈理论进行解释，但这些指标都是两种行为的综合作用产物，无法分割两者的影响，难以完全验证博弈理论猜想的准确性。本节将尝试分离两种老化行为，更为深入地讨论沥青和 SBS 两相行为对不同性能指标、温度范围、频率范围和老化阶段所展示出的主导性。

6.4.1　沥青相与 SBS 相的主导性

沥青相和 SBS 相在如表 6-3 所示的 4 个方面分别展示出主导性，针对各方面的主导性分述如下：

表 6-3　沥青相与 SBS 相的各方面主导性

领域	沥青相主导	SBS 相主导
温度范围	低温	高温
频率范围	高频	低频
指标类型	硬度相关（模量、黏度等）	弹性相关（相位角、弹性恢复率）
老化阶段	长期老化	短期老化

（1）温度范围主导性。在低温下，沥青相呈玻璃态，分子基本"冻结"，体系黏度很大，妨碍了 SBS 分子的松弛运动（既不能伸展又不能蜷曲），因此 SBS 无法表现其特有的高弹性。此时 SBS 改性沥青的力学特性主要以"冻结"的基质沥青为主，对应本书 4.4.4 节所讨论的弹性三阶段变化的阶段Ⅰ，随着温度逐渐升高，沥青相开始软化而 SBS 还未软化时（30 ~ 90 ℃），沥青分子对 SBS 松弛运动的限制减少，SBS 特有的高弹态得以展现，对沥青的改性效果也逐渐显现。此阶段内基质沥青软化反而有利于凸显 SBS 网络的弹性，因此甚至会出现温度越高，改性沥青弹性越强的情况，这就是 SBS 相的高温主导性，它对应了本书 4.4.4 节所讨论的弹性三阶段变化的阶段Ⅱ。

（2）频率范围主导性。由温度范围主导性和时温等效原理易得沥青相与 SBS 相分别主导高频和低频。从松弛时间的角度来讲，这是因为 SBS 改性主要提高延迟弹性。延迟弹性需要较长时间才能体现，因此在低频测试条件下更加明显。

（3）指标主导性。考虑到相容性和经济性，SBS 在沥青中的掺量一般不会超过 10%，因此改性沥青的大部分成分仍然是基质沥青。这使得与样品整体硬度相关的指标主要由沥青相决定，特别是中低温下的硬度指标（如 25 ℃ 针入度）。由于 SBS 相具有高温主导性，因此高温下的硬度指标会较多地受到 SBS 相的影响（如软化点、60 ℃ 动力黏度）。这也是工业上常常采用软化点和 60 ℃ 动力黏度评价改性沥青和高黏沥青的主要原因。另一方面，基质沥青的弹性非常弱，而 SBS 的弹性非常强，因此 SBS 对于弹性相关的指标（如相位角和弹性恢复率）有极强的主导性。这也是可以观察到改性沥青弹性恢复率三阶段变化和相位角三阶段变化规律，却无法观察到改性沥青模量三阶段变化的原因。

（4）老化阶段主导性。高温短期老化过程中沥青处于液体流淌状态，充分将内部的 SBS 分子暴露在高温氧气环境下。SBS 化学性质活泼且对高温非常敏感，在高温下迅速发生热氧降解，因此短期老化中 SBS 降解行为有主导性，表现为 FTIR 测得的 $I_{B/S}$ 指数和 GPC 测得的 SBS 分子量迅速下降。长期老化过程中环境温度较低，SBS 的降解速率趋于稳定但沥青相氧化仍然持续进行，因此沥青相氧化行为有主导性，表现为羰基指数和沥青分子量持续上升。

综上所述，高黏沥青中 SBS 相的行为采用高温、低频下的弹性指标容易表征，且对短期老化较敏感；而沥青相的行为采用低温、高频下的硬度指标容易表征，且对长期老化较敏感。

6.4.2　基于温度范围主导性的分离

本节利用沥青相与 SBS 相的不同温度范围主导性，通过温度扫描试验来分离 SBS 相降解与沥青相硬化行为。温度扫描测试结果的本质是某一流变指标（此处采用复数模量和相位角）在一定温度范围内的合集，体现了该指标随温度的变化规律。由于 SBS 相氧化降解具有高温主导性，沥青相氧化硬化具有低温主导性，因此可以通过高温区与低温区的对比来区分 SBS 相降解作用与沥青相硬化作用。

首先对基质沥青进行研究，RTFOT 老化和 PAV 老化前后基质沥青的温度扫描结果如图 6-16 所示。基质沥青中没有 SBS 相，因此不存在博弈行为，老化对黏弹特性的影响单一，且短期老化与长期老化的作用基本一致，老化后不同温度条件下的模量整体上升，说明沥青样品逐渐变硬，其主要原因是吸氧聚合与平均分子量的增大。

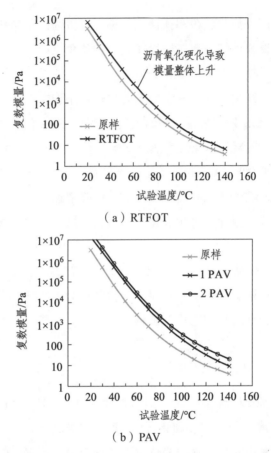

（a）RTFOT

（b）PAV

图 6-16　老化前后（RTFOT，PAV）基质沥青的宽域温度扫描检测结果

　　继续对改性沥青进行讨论，RTFOT 老化前后高黏沥青检测结果如图 6-17 所示。在沥青相主导的低温和常温区域内，老化后 SBS 改性沥青的模量出现轻微上升，说明沥青相氧化硬化占据主导。随着温度升高，SBS 相的降解软化作用逐渐显现，老化前后的模量差距逐渐缩小，70 ℃ 以上时，出现了老化后的模量小于老化前模量的现象。说明此时 SBS 降解的软化效果超过了沥青相氧化的硬化效果，已完全主导了改性沥青的老化行为。

　　向沥青中添加 SBS 可以起到明显提升高温模量的效果。那么随着老化过程中 SBS 的降解，原来的改性效果消失，SBS 改性沥青便表现出高温模量下降的现象。且原本 SBS 掺量越高，降解后的削弱也越明显。当 SBS 氧化降解的软化效果超过沥青相氧化的硬化效果时，便可观察到老化后的模量下降。

这种 SBS 降解软化与沥青相硬化的博弈现象在诸多相关文献中都有报道[137]，在本书 6.3 节软化点、车辙因子和动稳定度等指标的变化趋势中也有反映。根据样品种类和测试频率不同，出现老化后模量下降的临界温度（图 6-17 中的 70 ℃）会发生变化。SBS 掺量越高，主导的温度区域越宽，临界温度越低。

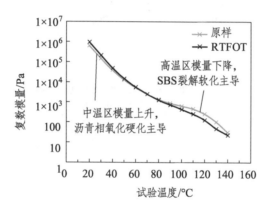

图 6-17　RTFOT 老化前后高黏沥青的宽域温度扫描检测结果

文献[138]指出，SBS 改性沥青这种短期老化后模量不上升甚至下降的特点导致了高温 PG 分级试验对于 SBS 改性沥青的不适用性。还有一些文献将 SBS 在高温下的降解软化作用理解为 SBS 改性沥青具有较好的抗老化性能（老化后模量上升不明显），但笔者认为这种观点有失偏颇。SBS 作为一种昂贵的沥青改性剂，不应该被当作可消耗的抗老化剂使用，未来研究中应该针对性地提升 SBS 改性沥青的抗老化性能。

长期老化后高黏沥青的温度扫描结果如图 6-18 所示。1PAV 老化后样品在高温区的模量低于未老化样品的模量，说明高温区域 SBS 氧化降解的软化作用占据主导地位。2PAV 老化后高黏沥青的模量上升趋势更加明显，高温区内 2PAV 老化后的模量逐渐与未老化前持平，说明沥青硬化开始逐渐抵消 SBS 降解的软化作用。造成这一现象的原因可能有 2 种，一是根据自由基理论，SBS 分子的降解过程在老化后期逐步放缓；二是当初期少部分 SBS 发生降解后，弹性网络的强度已经大幅下降，更多的 SBS 降解并不会带来明显的削弱作用，边际效应出现递减。

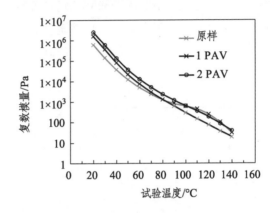

图 6-18　PAV 老化前后高黏沥青的宽域温度扫描检测结果

6.4.3　基于频率范围主导性的分离

根据与温度扫描类似的思想，也可以采用主曲线来分离 SBS 相降解行为与沥青相硬化行为。主曲线的本质是某一流变指标（此处采用复数模量和相位角）在一定频率范围内的合集，体现了该指标随频率的变化规律。另一方面，由于 SBS 相降解具有低频主导性，沥青相硬化具有高频主导性，因此可以通过低频区与高频区的对比来区分 SBS 相降解作用与沥青相硬化作用。

基质沥青与 SBS 改性沥青老化前后的模量主曲线检测结果如图 6-19 所示。为了画面的简洁性，方便读者更好地观察主曲线的变化规律，图 6-19 省略了横坐标与纵坐标，模量主曲线中横坐标为对数缩减频率（靠左为低频，靠右为高频）；纵坐标为对数复数模量（$1 \sim 10^9$ Pa）。

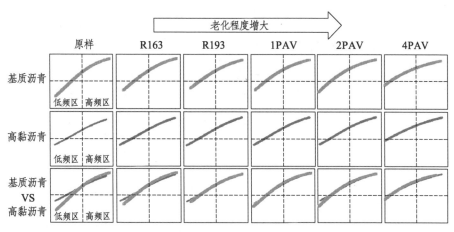

图 6-19　基质沥青与高黏沥青老化前后复数模量主曲线汇总

　　根据图 6-19 可看出：基质沥青的模量主曲线随着老化程度加深不断上升，表明沥青硬度逐渐增大。与基质沥青相比，高黏沥青老化后模量主曲线的上升程度明显偏小，这是因为 SBS 相氧化降解的软化作用抵消了一部分沥青相氧化的硬化作用。

　　通过对比基质沥青与高黏沥青的模量主曲线可以得出两点结论：一是在原样状态下两者的模量主曲线差距最大，且低频区尤其明显，这归因于 SBS 相的低频主导性。二是两者的区别随着老化进程推进越来越小，1PAV 老化后两者的模量主曲线几乎重合，这是 SBS 降解的直接反映。甚至可以推断当 SBS 全部降解完毕，高黏沥青的曲线就与基质沥青无异了。

　　主曲线所展示出的信息与温度扫描结果类似。总的来说，模量主曲线随老化发生的变化幅度并不大，这是因为高黏沥青中 90% 以上的材料为沥青，因此模量的变化还是主要受沥青相影响，SBS 相氧化降解的影响仅在高温区或低频区有一定的显现。

　　SBS 对沥青的弹性有显著的提升效果，因此对于黏弹比例的影响更大，采用相位角主曲线能够更好地凸显 SBS 降解带来的影响。对老化前后的样品搭建相位角主曲线，结果如图 6-20 所示。类似的，为了画面的简洁，方便读者更直观地观察相位角主曲线的变化规律，图 6-20 省略了横坐标与纵坐标，相位角主曲线中横坐标为对数缩减频率（靠左为低频，靠右为高频）；纵坐标为相位角数值（0°～90°）。

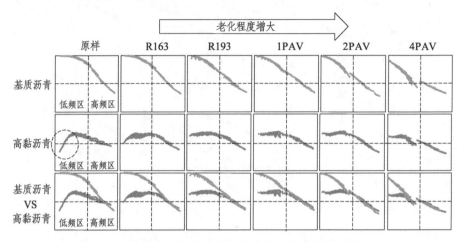

图 6-20　基质沥青与高黏沥青老化前后相位角主曲线汇总

根据图 6-20 可以看出：随着老化程度加深，基质沥青的相位角主曲线在全频率范围内都呈现下降趋势，说明沥青逐渐变弹，这是符合逻辑的。基质沥青不含 SBS，仅有的沥青相在氧化后分子量变大，分子间作用力提高，能弹性增强，带动沥青相位角下降。注意这里的变弹是指弹性比例提高而非弹性恢复率提高。老化后基质沥青变得硬脆，其弹性恢复率肯定是下降的。

对于高黏沥青，情况则较为复杂。首先从 SBS 主导的低频区来看：原样未老化状态下，高黏沥青展现出随频率降低相位角逐渐下降的趋势（在图 6-20 中用黑色虚线圆圈标记）。扫描频率越低，SBS 的延迟弹性更容易得到表现，相位角随之下降，这是 SBS 的低频主导性导致的。这种行为对应本书图 4-34 讨论的弹性三阶段变化的阶段 Ⅱ。经过老化后，这种相位角下降趋势逐渐消失，说明 SBS 相发生了明显的降解。

从沥青相主导的高频区表现来看，1PAV 老化前，SBS 相降解占据主导地位，不仅使得低频区的相位角主曲线出现明显上升，甚至带动高频区的相位角出现了小幅度的上升。但由于高频区仍然由沥青相主导，因此上升趋势远不如低频区明显。1PAV ~ 4PAV 老化区间，沥青相老化硬化的作用主导了全部频率区间，使得低频区与高频区的弹性比例共同提高，表现为相位角曲线在全频率区间内整体下降。

此外，通过基质沥青与 SBS 改性沥青的对比还可以看出：在原样未老化阶段，高黏沥青与基质沥青的相位角主曲线差距明显，但随着老化程度加深，2 条曲线逐渐靠拢，且高频区的靠拢速度明显大于低频区的。1PAV 老化后，两者在高频区的相位角主曲线已经基本重合；但 4PAV 老化后，在低频区的 2 条相位角主曲线仍然有明显的差距。这些变化说明了两点问题：一是高黏沥青中沥青相的（高频区）老化规律与基质沥青老化规律基本一致；二是高黏沥青中的 SBS 相（低频区）在极端的长期老化后（4PAV）仍然可以起到一定的效果，虽然难以对模量产生影响，但仍可以明显改变沥青的相位角。这又再次强调了 SBS 相对于弹性相关指标的主导性。

根据图 6-20 对基质沥青与高黏沥青相位角主曲线的分析，基本可以验证博弈理论的正确性，同时也展示了相位角主曲线作为一种改性沥青流变分析手段的有效性。模量主曲线主要受沥青相的影响，所能展现的信息少于相位角主曲线。

6.4.4 基于指标主导性的分离

采用红外光谱分析中获得的羰基指数和 $I_{B/S}$ 指数可以分别量化老化过程中的沥青相的氧化硬化程度和 SBS 相氧化降解程度。通过建立某个性能指标与羰基指数和 $I_{B/S}$ 指数各自的相关性，可以直观地判断到底是哪种老化行为主导了这个性能指标的变化规律。

笔者曾针对同一配方的高黏沥青样品（7.5%SBS）进行多种程度的短期老化，收集了 11 种不同程度短期老化后的沥青红外光谱数据与复数模量、相位角数据。本节基于这些数据，分别确定主导复数模量和相位角的行为。不同老化程度高黏沥青样品的相位角与羰基指数和 $I_{B/S}$ 指数的相关性如图 6-21 所示。

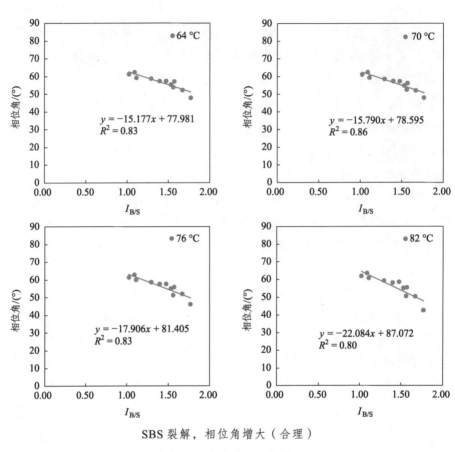

SBS 裂解，相位角增大（合理）

（a）相位角与 $I_{B/S}$ 指数

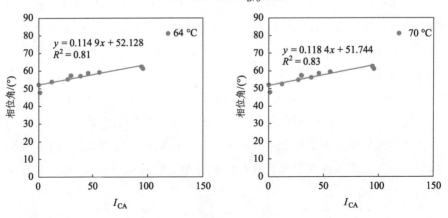

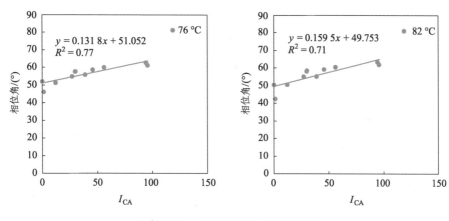

$$y = 0.131\,8x + 51.052$$
$$R^2 = 0.77$$
● 76 ℃

$$y = 0.159\,5x + 49.753$$
$$R^2 = 0.71$$
● 82 ℃

沥青硬化，相位角增大（不合理）

（b）相位角与羧基指数 I_{CA}

图 6-21　不同老化程度高黏沥青样品的相位角与
羧基指数 I_{CA} 和 $I_{B/S}$ 指数的相关性

根据图 6-21 的结果，相位角与 $I_{B/S}$ 指数有极强的线性相关性，四个检测温度下的拟合优度都在 0.8 以上。$I_{B/S}$ 指数越小，代表 SBS 降解越厉害，弹性网络完整程度越低，沥青弹性比例越低，因此相位角相应升高，这是符合逻辑的。另外还可以看出，试验温度越高，相位角随 $I_{B/S}$ 指数降低而升高的趋势越明显（线性拟合公式的斜率 k 值的绝对值越大），这是 SBS 相的高温主导性引起的（高温下 SBS 降解的影响越明显）。

另一方面，随着羧基指数增长，相位角出现了不符合逻辑的上升，这显然不是沥青氧化硬化的功劳，而是 SBS 相降解引起的。这一现象证明了前文的推论：虽然相位角同时受到老化过程中的沥青相硬化和 SBS 相降解的影响，但 SBS 相降解对沥青黏弹比例的影响更大，对相位角指标的影响更胜一筹，所以出现了羧基含量增高伴随相位角上升的不合理现象。

不同老化程高黏沥青样品的复数模量与羧基指数和 $I_{B/S}$ 指数的相关性如图 6-22 所示。

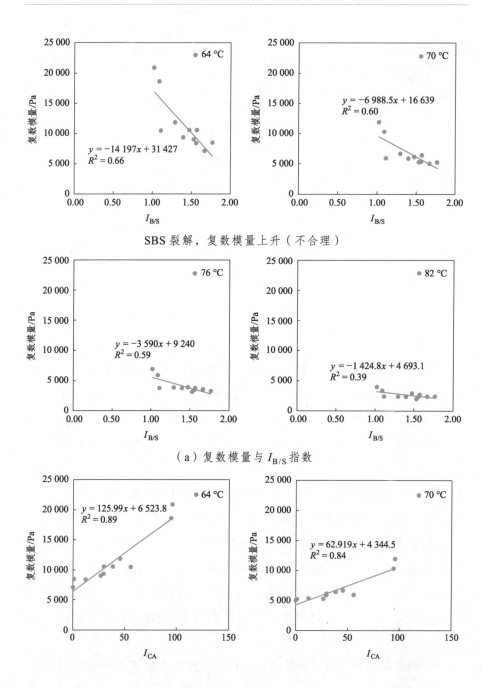

SBS 裂解，复数模量上升（不合理）

（a）复数模量与 $I_{B/S}$ 指数

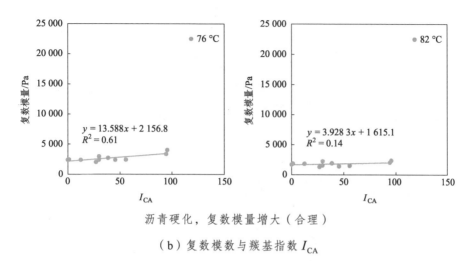

沥青硬化，复数模量增大（合理）

（b）复数模数与羧基指数 I_{CA}

图 6-22　不同老化程度高黏沥青样品的复数模量与
羧基指数 I_{CA} 和 $I_{B/S}$ 指数的相关性

从图 6-22（a）可以看出，$I_{B/S}$ 减小代表 SBS 逐渐降解，沥青的复数模量反而上升，这一规律并不符合逻辑。模量的上升实际上是沥青相的氧化硬化造成的。从图 6-22（b）可以看出复数模量与羧基展示出极好的线性相关性，羧基含量增大代表沥青氧化程度加深，模量指标也对应提高，因此出现了 SBS 降解伴随复数模量上升的反常结果。还可以看出随着试验温度的升高，羧基与模量之间的拟合优度逐渐下降，R^2 从 64 ℃ 时的 0.889 降低至 88 ℃ 时的 0.144。这可能是来自 SBS 相高温主导性的干扰（SBS 降解的作用在高温下更明显）。但就最终结果而言，沥青硬化对模量的增益仍然强于 SBS 降解对模量的削弱，沥青模量主要还是受到沥青相氧化硬化过程控制，这与前文的结论是一致的。

6.5　高黏沥青的老化机理与对性能的影响规律总结

根据本章对高黏沥青老化过程中 SBS 相降解过程与沥青相氧化过程的机理分析，同时结合老化前后的性能指标测试结果，总结了高黏沥青老化机理与对性能的影响规律，如图 6-23 所示。

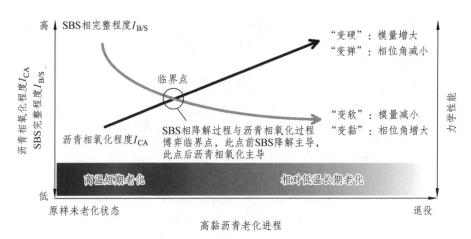

图 6-23　高黏沥青老化机理与对性能的影响规律

改性沥青由沥青相和 SBS 相共同组成。基质沥青和传统改性沥青中 SBS 掺量较低，沥青相行为占据主导。高黏沥青等材料中 SBS 掺量较高，SBS 作为高分子的特性更凸显，老化后 SBS 氧化降解作用也更明显，会对多种性能指标产生意想不到的影响。在评价高黏沥青的性能时，本书进行了简单归纳，将具有代表性的指标分类为"硬度"（stiffness）和"黏弹比例"（viscoelasticity）2 种属性。硬度可以由模量、针入度等指标表征，模量越低，沥青越"软"，反之越"硬"；黏弹比例主要由相位角表征，相位角越低，沥青越"弹"，反之越"黏"。

高黏沥青的老化行为是由沥青相氧化硬化和 SBS 相氧化降解 2 个过程共同组成的。沥青相氧化造成模量升高、相位角下降，沥青整体逐渐变硬、变弹。另一方面，SBS 相降解造成弹性网络破坏，原本赋予改性沥青的额外强度与弹性逐渐消失，导致沥青逐渐变软、变黏。不难看出这两个过程对力学特性的影响截然相反却又同时发生，高黏沥青老化后的最终性能是 2 个过程的博弈结果。

对于不同的性能指标，沥青相氧化硬化和 SBS 相氧化降解分别具有主导性。与硬度相关的指标主要由沥青相决定，特别是中低温下的硬度指标（如 25 ℃针入度）。测试温度越高，受到 SBS 相的影响越大（如软化点、

60 °C 动力黏度等）。这也是工业上常常采用软化点和 60 °C 动力黏度评价高黏沥青的主要原因。另一方面，基质沥青的弹性非常弱而 SBS 的弹性非常强，因此 SBS 对于弹性相关的指标（如相位角和弹性恢复率）有极强的主导性。同时，两相的主导性与测试的频率和温度也有极大关系。由于 SBS 特有的延迟弹性特点和相对沥青而言更高的软化温度，其具有低频主导性和高温主导性。相对的，沥青相则具有高频主导性和低温主导性。这使得高黏沥青中 SBS 相的行为更容易采用高温、低频下的弹性指标进行表征（如弹性恢复率和相位角主曲线的低频区）；沥青相的行为更容易采用低温、高频下的硬度指标进行表征（如针入度和模量主曲线的高频区）。

此外，由于 SBS 分子对高温敏感，高温短期老化时降解快，低温长期老化时降解慢。因此，SBS 相氧化降解行为具有短期老化主导性，而沥青相氧化硬化行为具有长期老化主导性。短期老化阶段温度较高，沥青中自由基浓度较低，自由基链式氧化反应发展迅速，SBS 相降解明显，从而主导了高黏沥青的力学性质变化。在此阶段，随着老化程度加深，高黏沥青逐渐变软、变黏。长期老化阶段温度较低，自由基浓度达到饱和，彼此相碰导致链式反应逐渐终止，SBS 相降解放缓，沥青相硬化的作用则持续积累，2 种过程的博弈达到临界点。此后，随着长期老化时间的延长，沥青相硬化开始占据主导地位，高黏沥青逐渐变硬、变弹。

根据图 6-23 所展示的高黏沥青老化行为机理以及本书观测到的流变数据，高黏沥青在室内短期老化阶段存在一个硬度以及弹性比例的极低点，有可能会对其高温抗变形能力以及其他性能造成影响。这是其他基质沥青以及普通改性沥青所不需要考虑的。基于此，需要更加注重高黏沥青的抗老化性能。

参考文献

[1] 黄卫东，孙立军. 聚合物改性沥青显微结构及量化研究[J]. 公路交通科技，2002，（3）：9-11.

[2] 易洪. 对改性沥青改性机理的探讨[J]. 交通科技，2004，（4）：79-82.

[3] 杨军，唐志赟，徐刚，等. 外加剂对 FTIR 测定改性沥青 SBS 含量影响[J]. 长安大学学报（自然科学版），2020，40（3）：1-10.

[4] ZHU J，LU X，KRINGOS N. Experimental investigation on storage stability and phase separation behaviour of polymer-modified bitumen[J]. International Journal of Pavement Engineering，2018，19（9）：832-841.

[5] ZHU J，BALIEU R，WANG H. The use of solubility parameters and free energy theory for phase behaviour of polymer-modified bitumen：A review[J]. Road Materials and Pavement Design，2021，22（4）：757-778.

[6] REDELIUS P G. Solubility parameters and bitumen[J]. Fuel，2000，79（1）：27-35.

[7] 李立寒，耿韩，孙艳娜. 高黏度沥青黏度的评价方法与评价指标[J]. 建筑材料学报，2010，13（3）：352-356+362.

[8] LI L，GENG H，SUN Y. Simplified viscosity evaluating method of high viscosity asphalt binders[J]. Materials and Structures，2015，48：2147-2156.

[9]　CHEN H, ZHANG Y, BAHIA H. The role of binders in cracking resistance of mixtures measured with the IFIT procedure[C]// Proceeding of the 64th Annual Meeting of the Canadian Technical Asphalt Association, 2019.

[10]　ZHU J, LU X, LANGFJELL M, et al. Quantitative relationship of fundamental rheological properties of bitumen with the empirical Ring and Ball softening point[J]. Road Materials and Pavement Design, 2021, 22（S1）: 345-364.

[11]　MCLEOD, N W. Asphalt cements: pen-vis number and its application to moduli of stiffness[J]. Journal of Testing and Evaluation, 1976, 4（4）: 275-282.

[12]　张金升. 道路沥青材料[M]. 哈尔滨: 哈尔滨工业大学出版社, 2013.

[13]　MTURI G A, NKGAPELL M. Force ductility-a 5 year feedback of performance results[C]//Proceeding of the 32nd Southern African Transport Conference, 2013: 372-382.

[14]　AIREY G D. Use of black diagrams to identify inconsistencies in rheological data[J]. Road Materials and Pavement Design, 2002, 3(4): 403-424.

[15]　DI B H, SAUZEAT C, BILODEAU K, et al. General overview of the time-temperature superposition principle validity for materials containing bituminous binder[J]. International Journal of Roads and Airports, 2011, 1（1）: 35-52.

[16]　VAN POEL C D. A general system describing the visco-elastic properties of bitumens and its relation to routine test data[J]. Journal of applied chemistry, 1954, 4（5）: 221-236.

[17]　WANG J, KROPFF M J, LAMMERT B, et al. Using CA model to obtain insight into mechanism of plant population spread in a controllable system: annual weeds as an example[J]. Ecological

Modelling，2003，166（3）：277-286.

[18] MARASTEANU M O，ANDERSON D A. Improved model for bitumen rheological characterization[C]//Proceeding of the Workshop on Performance Related Properties for Bituminous Binders，Luxembourg，1999.

[19] ZENG M，BAHIA H U，ZHAI H，et al. Rheological modeling of modified asphalt binders and mixtures（with discussion）[J]. Journal of the Association of Asphalt Paving Technologists，2001，70：403-441.

[20] O'Donnell M，JAYNES E T，Miller J G. Kramers-Kronig relationship between ultrasonic attenuation and phase velocity[J]. The Journal of the Acoustical Society of America，1981，69（3）：696-701.

[21] OSHONE M，DAVE E，DANIEL J S，et al. Prediction of phase angles from dynamic modulus data and implications for cracking performance evaluation[J]. Road Materials and Pavement Design，2017，18（S4）：491-513.

[22] AIREY G D. Styrene butadiene styrene polymer modification of road bitumens[J]. Journal of Materials Science，2004，39（3）：951-959.

[23] AIREY G D. Rheological evaluation of ethylene vinyl acetate polymer modified bitumens[J]. Construction and Building materials，2002，16（8）：473-487.

[24] ASGHARZADEH S M，TABATABAEE N，NADERI K，et al. An empirical model for modified bituminous binder master curves[J]. Materials and Structures，2013，46：1459-1471.

[25] GOODRICH J L. Asphalt binder rheology，asphalt concrete rheology and asphalt concrete mix properties[J]. Journal of the Association of Asphalt Paving Technologists，1991，60：80-120.

[26] EWOLDT R H，JOHNSTON M T，CARETTA L M. Experimental challenges of shear rheology：how to avoid bad data[J]. Complex Fluids

in Biological Systems: Experiment, Theory, and Computation, 2015: 207-241.

[27] YAN C, LV Q, ZHANG A A, et al. Modeling the modulus of bitumen/SBS composite at different temperatures based on kinetic models[J]. Composites Science and Technology, 2022, 218: 109146.

[28] JOHNSON C, BAHIA H, WEN H. Practical application of viscoelastic continuum damage theory to asphalt binder fatigue characterization[J]. Asphalt Paving Technology-Proceedings, 2009, 78: 597-638.

[29] KÖK B V, YILMAZ M, GEÇKIL A. Evaluation of low-temperature and elastic properties of crumb rubber-and SBS-modified bitumen and mixtures[J]. Journal of Materials in Civil Engineering, 2013, 25 (2): 257-265.

[30] LYNGDAL E T. Critical analysis of PH and PG+ asphalt binder test methods[D]. Madison: University of Wisconsin-Madison, 2015.

[31] 陈华鑫, 王秉纲. SBS 改性沥青车辙因子的改进[J]. 同济大学学报 (自然科学版), 2008, (10): 1384-1387+1403.

[32] BAHIA H U, ZHAI H, ZENG M, et al. Development of binder specification parameters based on characterization of damage behavior (with discussion) [J]. Journal of the Association of Asphalt Paving Technologists, 2001, 70: 442-470.

[33] 徐鸿飞. 基于重复蠕变恢复试验的沥青高温性能评价指标研究[D]. 济南: 山东建筑大学, 2012.

[34] BAHIA H U, HANSON D I, ZENG M, et al. Characterization of modified asphalt binders in superpave mix design[M]. Washington D C: Transportation Research Board, 2001.

[35] D'ANGELO J A. The relationship of the MSCR test to rutting[J]. Road Materials and Pavement Design, 2009, 10 (S1): 61-80.

[36] 黄卫东, 郑茂, 唐乃膨, 等. SBS 改性沥青高温性能评价指标的比较

[J]. 建筑材料学报，2017，20（1）：139-144.

[37]　DE C Í A，MASEGOSA R M，VIÑAS M T，et al. Storage stability of SBS/sulfur modified bitumens at high temperature：Influence of bitumen composition and structure[J]. Construction and Building Materials，2014，52：245-252.

[38]　MORAES R，SWIERTZ D，BAHIA H. Comparison of new test methods and new specifications for rutting resistance and elasticity of modified binders[C]//Proceedings of the 62nd Annual Meeting of the Canadian Technical Asphalt Association（CTAA），2017，203-223.

[39]　金日光，华幼卿. 高分子物理[M]. 北京：化学工业出版社，2000.

[40]　D'ANGELO J，KLUTTZ R，DONGRE R N，et al. Revision of the superpave high temperature binder specification：the multiple stress creep recovery test（with discussion）[J]. Journal of the Association of Asphalt Paving Technologists，2007，76：123-162.

[41]　SHAN L，HE H，WAGNER N J，et al. Nonlinear rheological behavior of bitumen under LAOS stress[J]. Journal of Rheology，2018，62（4）：975-989.

[42]　DE V J，PAEZ-DUEÑAS A，CABANILLAS P，et al. European round robin tests for the multiple stress creep recovery test and contribution to the development of the European standard test method[C]//Proceeding of the 6th Eurobitumen and Euraspahlt Congress，Prague，2016.

[43]　D'ANGELO J. Development of a performance based binder specification for rutting using creep and recovery testing[D]. Calgary：University of Calgary，2009.

[44]　SHENOY A. High temperature performance grading of asphalts through a specification criterion that could capture field performance[J]. Journal of transportation engineering，2004，130（1）：132-137.

[45] SHENOY A. Refinement of the Superpave specification parameter for performance grading of asphalt[J]. Journal of Transportation Engineering，2001，127（5）：357-362.

[46] CLOPOTEL C S，BAHIA H U. Importance of elastic recovery in the DSR for binders and mastics[J]. Engineering Journal，2012，16（4）：99-106.

[47] 王超. 沥青结合料路用性能的流变学研究[D]. 北京：北京工业大学，2015.

[48] LU X，ISACSSON U. Artificial aging of polymer modified bitumens[J]. Journal of Applied Polymer Science，2000，76（12）：1811-1824.

[49] LU X，ISACSSON U. Chemical and rheological evaluation of ageing properties of SBS polymer modified bitumens[J]. Fuel，1998，77（9）：961-972.

[50] AIREY G D. Rheological properties of styrene butadiene styrene polymer modified road bitumens[J]. Fuel，2003，82（14）：1709-1719.

[51] ZOFKA A，CHRYSOCHOOU M，YUT I，et al. Evaluating applications of field spectroscopy devices to fingerprint commonly used construction materials[M]. Washington D C：Transportation Research Board，2013.

[52] MCCANN M C，HAMMOURI M，WILSON R，et al. Fourier transform infrared microspectroscopy is a new way to look at plant cell walls[J]. Plant Physiology，1992，100（4）：1940-1947.

[53] 翁诗甫. 傅里叶变换红外光谱分析[M]. 北京：化学工业出版社，2010.

[54] ZHU C. Evaluation of thermal oxidative aging effect on the rheological performance of modified asphalt binders[D]. Reno：University of Nevada，Reno，2015.

[55] YAN C，HUANG W，XIAO F，et al. Proposing a new infrared index

quantifying the aging extent of SBS-modified asphalt[J]. Road Materials and Pavement Design，2018，19（6）：1406-1421.

[56] LAMONTAGNE J，DUMAS P，MOUILLET V，et al. Comparison by Fourier transform infrared（FTIR）spectroscopy of different ageing techniques：application to road bitumens[J]. Fuel，2001，80（4）：483-488.

[57] 李炜光，段炎红，颜录科，等. 利用石油沥青红外光谱图谱特征测定沥青的方法研究[J]. 石油沥青，2012，26（4）：9-14.

[58] SUN X，YUAN H，SONG C，et al. Rapid and simultaneous determination of physical and chemical properties of asphalt by ATR-FTIR spectroscopy combined with a novel calibration-free method[J]. Construction and Building Materials，2020，230：116950.

[59] KASKOW J，VAN POPPELEN S，HESP S A M. Methods for the quantification of recycled engine oil bottoms in performance-graded asphalt cement[J]. Journal of Materials in Civil Engineering，2018，30（2）：04017269.

[60] PETERSEN J C. Asphalt oxidation—ah overview including a new modelfor oxidation proposing that physicochemical factors dominate the oxidation kinetics[J]. Fuel Science & Technology International，1993，11（1）：57-87.

[61] 冯新军，赵梦龙，唐雄，等. 改性沥青中 SBS 含量电化学检测法抗干扰指标[J]. 长安大学学报（自然科学版），2019，39（1）：44-52.

[62] 尹萍，顾晓燕. 基于凝胶渗透色谱法测定 SBS 改性沥青中 SBS 掺量[J]. 公路，2019，64（4）：270-273.

[63] 赵红波，柴晓飞，王岳华，等. ^{1}H NMR 法对改性沥青中 SBS 含量精确测试的研究[J]. 波谱学杂志，2017，34（3）：323-328.

[64] MASSON J F，PELLETIER L，COLLINS P. Rapid FTIR method for quantification of styrene butadiene type copolymers in bitumen[J].

Journal of Applied Polymer Science，2001，79（6）：1034-1041.

[65] ZHAO Y，GU F，XU J，et al. Analysis of aging mechanism of SBS polymer modified asphalt based on Fourier transform infrared spectrum[J]. Journal of Wuhan University of Technology-Mater（Materials Science Edition），2010，25（6）：1047-1052.

[66] OUYANG C，WANG S，ZHANG Y，et al. Improving the aging resistance of styrene-butadiene-styrene tri-block copolymer modified asphalt by addition of antioxidants[J]. Polymer Degradation and Stability，2006，91（4）：795-804.

[67] 庞琦，孙国强，孙大权. FT-IR 在沥青热氧老化研究中的应用[J]. 石油沥青，2016，30（3）：54-60.

[68] FALGE H J，OTTO A，SOHLER W. Dispersion of Surface and Bulk Phonon-Polaritons on α-Quartz Measured by Attenuated Total Reflection[J]. Physica Status Solidi，1974，63（1）：259-269.

[69] COUNCIL N R. TRB′s SHRP 2 Tuesdays Webinar：Techniques to Fingerprint Construction Materials in the Field（R06B）[R]. 2014.

[70] WEST T S. N. J. Harrick，Internal Reflection Spectroscopy：Interscience Publishers-J. Wiley and Sons，Inc.，New York，1967，xiv+327 pp.，price 132 s[J]. Analytica Chimica Acta，1968，42：186.

[71] 江艳，沈怡，武培怡. ATR-FTIR 光谱技术在聚合物膜研究中的应用[J]. 化学进展，2007，19（1）：173-185.

[72] YAN C，XIAO F，HUANG W，et al. Critical matters in using Attenuated Total Reflectance Fourier Transform Infrared to characterize the polymer degradation in Styrene-Butadiene-Styrene-modified asphalt binders[J]. Polymer Testing，2018，70：289-296.

[73] 胡迎接. 基于曲线拟合和滤波的 FTIR-ATR 基线漂移处理算法研究[D]. 合肥：安徽大学，2014.

[74] 房承宣，李建华，梁逸曾. 拉曼光谱结合背景扣除化学计量学方法

用于汽油中 MTBE 含量的快速测定研究[J]. 分析测试学报，2012，31（5）：541-545.

[75] 王芳. 傅里叶变换红外光谱化学战剂混叠峰识别及定量分析研究[D]. 太原：中北大学，2016.

[76] COBAS J C，BERNSTEIN M A，MARTÍN-PASTOR M，et al. A new general-purpose fully automatic baseline-correction procedure for 1D and 2D NMR data[J]. Journal of Magnetic Resonance，2006，183（1）：145-151.

[77] ZHANG Z M，LIANG Y Z. Comments on the baseline removal method based on quantile regression and comparison of several methods[J]. Chromatographia，2012，75：313-314.

[78] 蒋世新. 原子吸收光谱法微量分析中朗伯-比尔定律的应用[J]. 新疆有色金属，2009，32（1）：57+59.

[79] YUT I，ZOFKA A. Attenuated total reflection（ATR）Fourier transform infrared（FT-IR）spectroscopy of oxidized polymer-modified bitumens[J]. Applied Spectroscopy，2011，65（7）：765-770.

[80] WU S P，PANG L，MO L T，et al. Influence of aging on the evolution of structure，morphology and rheology of base and SBS modified bitumen[J]. Construction and Building Materials，2009，23（2）：1005-1010.

[81] ZHANG J，LIAO K，YAN F，et al. Aging properties of base asphalt and SBS modified asphalt[J]. Petrochemical Technology & Application，2008，3（10）.

[82] DURRIEU F，FARCAS F，MOUILLET V. The influence of UV aging of a styrene/butadiene/styrene modified bitumen：comparison between laboratory and on site aging[J]. Fuel，2007，86（10-11）：1446-1451.

[83] KIM Y R，LITTLE D N，BENSON F C. Chemical and mechanical evaluation on healing mechanism of asphalt concrete（with

discussion）[J]. Journal of the Association of Asphalt Paving Technologists, 1990, 59: 240-275.

[84] LV Q, HUANG W, XIAO F. Laboratory evaluation of self-healing properties of various modified asphalt[J]. Construction and Building Materials, 2017, 136: 192-201.

[85] YAO H, DAI Q, YOU Z. Fourier Transform Infrared Spectroscopy characterization of aging-related properties of original and nano-modified asphalt binders[J]. Construction and Building Materials, 2015, 101: 1078-1087.

[86] MILL T, TSE D S, LOO B, et al. Oxidation pathways for asphalt[J]. Prepr. ACS Div. Fuel Chem, 1992, 37（3）: 1367-1375.

[87] CANTO L B, MANTOVANI G L, DEAZEVEDO E R, et al. Molecular characterization of styrene-butadiene-styrene block copolymers（SBS）by GPC, NMR, and FTIR[J]. Polymer Bulletin, 2006, 57: 513-524.

[88] MCNEILL I C, Stevenson W T K. Thermal degradation of styrene-butadiene diblock copolymer: part 1—characteristics of polystyrene and polybutadiene degradation[J]. Polymer Degradation and Stability, 1985, 10（3）: 247-265.

[89] GOLUB M A, GARGIULO R J. Thermal degradation of 1, 4-polyisoprene and 1, 4-polybutadiene[J]. Journal of Polymer Science Part B: Polymer Letters, 1972, 10（1）: 41-49.

[90] WANG K, YUAN Y, HAN S, et al. Application of FTIR spectroscopy with solvent-cast film and PLS regression for the quantification of SBS content in modified asphalt[J]. International Journal of Pavement Engineering, 2019, 20（11）: 1336-1341.

[91] YAN C, HUANG W, XU J, et al. Quantification of re-refined engine oil bottoms（REOB）in asphalt binder using ATR-FTIR spectroscopy associated with partial least squares（PLS）regression[J]. Road

Materials and Pavement Design，2022，23（4）：958-972.

[92] 方治，孙大权，吕伟民. 沥青路面再生技术简介[J]. 石油沥青，2004，（5）：56-59.

[93] MALLICK R B，BROWN E R. An evaluation of superpave binder aging methods[J]. International Journal of Pavement Engineering，2004，5（1）：9-18.

[94] STUART K D，MOGAWER W S，ROMERO P. Validation of asphalt binder and mixture tests that measure rutting susceptibility using the accelerated loading facility[R]. 2000.

[95] BELL C A. Summary report on aging of asphalt-aggregate systems[M]. Washington D C：Strategic Highway Research Program，1989.

[96] W D. Asphalt experiment at Washington[Z]. 1903.

[97] RAMAIAH S，D'ANGELO J，DONGRÉ R. Evaluation of modified German rotating flask[J]. Transportation Research Record，2004，1875（1）：80-88.

[98] GLOVER C J，DAVISON R R，VASSILIEV N. A New method for simulating hot-mix plant asphalt aging[R]. 2002.

[99] ANDERSON D A，BONAQUIST R. Investigation of short-term laboratory aging of neat and modified asphalt binders[M]. Washington D C：Transportation Research Board，2012.

[100] JIA J，ZHANG X N. Modification of the rolling thin film oven test for modified asphalt[C]//Proceedings of the 24th Southern African Transport Conference（SATC 2005），2005：979-986.

[101] YAN C，HUANG W，TANG N. Evaluation of the temperature effect on Rolling Thin Film Oven aging for polymer modified asphalt[J]. Construction and Building Materials，2017，137：485-493.

[102] Hveem F N，Zube E，Skog J. Proposed new tests and specifications for paving grade asphalts[C]//Association of Asphalt Paving Technologists

Proceedings. 1963, 32: 271-327.

[103] PRESTI D L. Recycled tyre rubber modified bitumens for road asphalt mixtures: A literature review[J]. Construction and Building Materials, 2013, 49: 863-881.

[104] HOFKO B, HOSPODKA M. Rolling thin film oven test and pressure aging vessel conditioning parameters: Effect on viscoelastic behavior and binder performance grade[J]. Transportation Research Record, 2016, 2574 (1): 111-116.

[105] SIMONE A, PETTINARI M, PETRETTO F, et al. The influence of the binder viscosity on the laboratory short term aging[J]. Procedia-Social and Behavioral Sciences, 2012, 53: 421-431.

[106] XIAO F, AMIRKHANIAN S N, ZHANG R. Influence of short-term aging on rheological characteristics of non-foaming WMA binders[J]. Journal of Performance of Constructed Facilities, 2012, 26 (2): 145-152.

[107] CONG P, WANG J, LI K, et al. Physical and rheological properties of asphalt binders containing various antiaging agents[J]. Fuel, 2012, 97: 678-684.

[108] BITUMEN S. The Shell bitumen handbook[M]. Shell Bitumen UK, 1990.

[109] WANG P E Y, WEN Y, ZHAO K, et al. Evolution and locational variation of asphalt binder aging in long-life hot-mix asphalt pavements[J]. Construction and Building Materials, 2014, 68: 172-182.

[110] American Association of State Highway Transportation Officials (AASHTO). Standard Practice for Accelerated Aging of Asphalt Binder Using a Pressurized Aging Vessel (PAV): AASHTO R 28-2012[S]. 2012.

[111] BAHIA H U, ANDERSON D A. The Pressure Aging Vessel (PAV): a

test to simulate rheological changes due to field aging[J]. ASTM special technical publication, 1995, 1241: 67-88.

[112] BUTTON J W, JAWLE M, JAGADAM V, et al. Evaluation and development of a pressure aging vessel for asphalt cement[J]. Transportation Research Record, 1993（1391）: 11-19.

[113] 卞凤兰, 赵永利, 黄晓明, 等. 道路沥青使用过程中水老化试验研究（英文）[J]. Journal of Southeast University（English Edition）, 2010, 26（4）: 618-621.

[114] LAU C K, LUNSFORD K M, GLOVER C J, et al. Reaction rates and hardening susceptibilities as determined from pressure oxygen vessel aging of asphalts[J]. Transportation Research Record, 1992（1342）: 50-57.

[115] 张晨曦, 许铁军, 薛亮. 微波能量法和"RTFOT+PAV"法模拟沥青老化的对比研究[J]. 中外公路, 2008, （4）: 221-224.

[116] 芦军. 沥青路面老化行为与再生技术研究[D]. 西安: 长安大学, 2008.

[117] TRAXLER R N. Relation between asphalt composition and hardening by volatilization and oxidation[C]// Proceedings of the Association of Asphalt Paving Technologists (AAPT), 1961: 359-372.

[118] Petersen J C. Chapter 14 Chemical Composition of Asphalt as Related to Asphalt Durability[J]. Developments in Petroleum Science, 1984, 40（9）: 363-399.

[119] 徐静, 洪锦祥, 刘加平. 沥青老化机理综述[J]. 石油沥青, 2011, 25（4）: 1-7.

[120] WANG K, YUAN Y, HAN S, et al. Application of attenuated total reflectance Fourier transform infrared（ATR-FTIR）and principal component analysis（PCA）for quick identifying of the bitumen produced by different manufacturers[J]. Road Materials and Pavement

Design，2018，19（8）：1940-1949.

[121] 陈华鑫. SBS 改性沥青路用性能与机理研究[D]. 西安：长安大学，2006.

[122] SUGANO M, IWABUCHI Y, WATANABE T, et al. Relations between thermal degradations of SBS copolymer and asphalt substrate in polymer modified asphalt[J]. Clean Technologies and Environmental Policy，2010，12：653-659.

[123] MA T，HUANG X，ZHAO Y，et al. Aging behaviour and mechanism of SBS-modified asphalt[J]. Journal of Testing and Evaluation，2012，40（7）：1186-1191.

[124] 张瑜. 多聚磷酸、硫磺对聚合物改性沥青性能的影响研究[D]. 福州：福州大学，2017.

[125] ALLEN N S，EDGE M，WILKINSON A，et al. Degradation and stabilisation of styrene-ethylene-butadiene-styrene（SEBS）block copolymer[J]. Polymer Degradation and Stability，2000，71（1）：113-122.

[126] 耿九光. 沥青老化机理及再生技术研究[D]. 西安：长安大学，2009.

[127] ZHAO Z, XUAN M, LIU Z, et al. A study on aging kinetics of asphalt based on softening point[J]. Petroleum Science and Technology，2003，21（9-10）：1575-1582.

[128] EFA A K, TSYRO L V, ANDREEVA L N, et al. The causes of structural aging of asphalt[J]. Chemistry and Technology of Fuels and Oils，2002，38：115-123.

[129] GAO Y, GU F, ZHAO Y L. Thermal oxidative aging characterization of SBS modified asphalt[J]. Journal of Wuhan University of Technology-Mater（Materials Science Edition），2013，28（1）：88-91.

[130] 赵永利,顾凡,黄晓明. 基于 FTIR 的 SBS 改性沥青老化特性分析[J]. 建筑材料学报，2011，14（5）：620-623.

[131] ZHANG F，YU J，HAN J. Effects of thermal oxidative ageing on dynamic viscosity，TG/DTG，DTA and FTIR of SBS-and SBS/sulfur-modified asphalts[J]. Construction and Building Materials，2011，25（1）：129-137.

[132] CORTIZO M S，LARSEN D O，BIANCHETTO H，et al. Effect of the thermal degradation of SBS copolymers during the ageing of modified asphalts[J]. Polymer Degradation and Stability，2004，86（2）：275-282.

[133] LUCENA M C C，SOARES S A，SOARES J B. Characterization and thermal behavior of polymer-modified asphalt[J]. Materials Research，2004，7：529-534.

[134] 宋珲，陈小江，张新玉，等. 采用衰减全反射红外光谱检测改性沥青的 SBS 掺量及其老化降解程度[J]. 中南大学学报（自然科学版），2021，52（7）：2211-2220.

[135] 曹雪娟，雷运波. SBS 热氧老化动力学研究[J]. 重庆交通大学学报（自然科学版），2010，29（1）：157-161.

[136] 杨洪滨. 道路沥青抗老化性能及其改性的研究[D]. 北京：中国石油大学，2008.

[137] CUCINIELLO G，LEANDRI P，FILIPPI S，et al. Effect of ageing on the morphology and creep and recovery of polymer-modified bitumens[J]. Materials and Structures，2018，51：1-12.

[138] 邹桂莲，张肖宁，李智. 改性沥青应用 SHRP PG 高温分级存在的几点问题[J]. 中南公路工程，2004，（1）：42-44+63.

[139] ROWE G，BAUMGARDNER G，SHARROCK M. Functional forms for master curve analysis of bituminous materials[M]//Advanced Testing and Characterization of Bituminous Materials，two volume set. Boca Raton：CRC Press，2009：97-108.